Werner Lehermeier

Aufbau eines Divergenzmessplatzes für niedrigdivergente NIR-Laser

AF818657

Werner Lehermeier

Aufbau eines Divergenzmessplatzes für niedrigdivergente NIR-Laser

mit Linsensystem zur Strahlmanipulation

Lehrbuchverlag

Imprint

Any brand names and product names mentioned in this book are subject to trademark, brand or patent protection and are trademarks or registered trademarks of their respective holders. The use of brand names, product names, common names, trade names, product descriptions etc. even without a particular marking in this work is in no way to be construed to mean that such names may be regarded as unrestricted in respect of trademark and brand protection legislation and could thus be used by anyone.

Cover image: www.ingimage.com

Publisher:
Der Lehrbuchverlag
is a trademark of
International Book Market Service Ltd., member of OmniScriptum Publishing Group
17 Meldrum Street, Beau Bassin 71504, Mauritius

Printed at: see last page
ISBN: 978-620-0-27073-3

Copyright © Werner Lehermeier
Copyright © 2019 International Book Market Service Ltd., member of OmniScriptum Publishing Group

Zusammenfassung

Diese Bachelorarbeit beschreibt die Messung des Divergenzwinkels eines niedrig divergenten Laserstrahls mit gaußförmigen Profil. Um den Divergenzwinkel eines Laserstrahls normgerecht zu bestimmen, muss der Durchmesser des Strahls an verschiedenen Positionen ermittelt werden. Diese Positionen beziehen sich immer auf die Taillenlage des Strahls und sind unter anderem von der Rayleighlänge abhängig. Bei den in dieser Bachelorarbeit vermessenen Lasermodulen handelt es sich um Erbium-Glas-Festkörperlaser mit einer Rayleighlänge von ca. 5 m bis 10 m, womit ein normgerechter Messaufbau von etwa 50 m Länge notwendig wäre.

Wenn die zu testenden Lasermodule den Anforderungen genügen, werden sie in ein Time of Flight Laser-Range-Finding-System integriert. Ein solches System berechnet die Entfernung zu einem bestimmten Objekt durch die Laufzeitmessung von Laserlicht. Bei den in dieser Arbeit untersuchten Lasermodulen handelt es sich um sehr niedrigdivergente, mit 100 Hz gepulste Erbium-Glas-Laser mit einer Hauptwellenlänge von 1535 nm. Für die Laufzeitmessung des Laserlichts ist es besonders wichtig, dass der ausgesandte Laserpuls extrem kurz und sehr leistungsstark ist. Um den reflektierten Laserstrahl detektieren zu können, ist eine gewisse Leistungsdichte erforderlich, welche nur gewährleistet werden kann, wenn sich der Laserstrahl nicht zu stark aufweitet. Aus diesem Grund ist der Divergenzwinkel des Laserstrahls eine sehr wichtige und aussagekräftige Kenngröße.

Ziel dieser Arbeit sollte es sein, einen Divergenzmessplatz für die beschriebenen Lasermodule zu konzipieren und aufzubauen. Mit der aufgebauten Messvorrichtung sollten die vom Hersteller angegebenen Divergenzwinkel verifiziert werden. Dabei war darauf zu achten, dass der

benötigte Messplatz und die benötigte Messzeit möglichst klein bzw. kurz gehalten wurde.
Um die Divergenzmessung auf einem Labortisch durchführen zu können, wird der Laserstrahl mit einer Sammellinse fokussiert, wobei der Laserstrahl transformiert wird und dessen Rayleighlänge stark abnimmt. Für die normgerechte Messung des fokussierten Strahls ist ein Messaufbau von ca. 2 m Länge ausreichend. Sind die Parameter des fokussierten Laserstrahls bestimmt, kann man mit Kenntnis der physikalischen Parameter der Sammellinse und Anwendung der Matrizenoptik auf alle Parameter des eigentlichen Laserstrahls zurück rechnen.
Zur Messung des fokussierten Laserstrahls stehen mehrere Methoden zur Verfügung. In dieser Arbeit wurde der Laserstrahl mit einer gekühlten InGaAs-Kamera (Xenics), mit einer ungekühlten Silizium-Kamera (WinCamD) und mit der genormten Schneidenmethode vermessen. Außerdem wurde ein Messaufbau mit einem Drehspiegel mit dünnem Spalt und Photodiode ausgetestet. Allen Methoden gemeinsam ist, dass der Strahldurchmesser bzw. Strahlradius an verschiedenen Positionen ermittelt wird. Sind nun die Strahlabmessungen an den verschiedenen Positionen bekannt, werden diese mit Hilfe eines MathCad-Programms ausgewertet. Das MathCad-Programm berechnet mit der Methode der kleinsten relativen Fehlerquadrate aus den ermittelten Durchmessern eine Fitfunktion für das Strahlprofil. Hieraus lassen sich die Position der Taille, der Taillendurchmesser, die Rayleighlänge, der Divergenzwinkel und der Qualitätswert M^2 ableiten. Diese Parameter beschreiben den fokussierten Laserstrahl nach der Linse. Nun kann man mit Hilfe der Matrizenoptik aus den Parametern des fokussierten Laserstrahls, welche das MathCad-File

liefert, auf die Parameter des ursprünglichen Laserstrahls schließen. Besonders interessant ist dabei der Divergenzwinkel, welcher sich aus Taillendurchmesser und Rayleighlänge bestimmen lässt. Die Umrechnung auf den ursprünglichen Strahl wird in einem MATLAB-Programm durchgeführt. Dabei wird aus den physikalischen Parametern der Sammellinse (Radien, Dicke, Material,...) und ihrer Position eine Systemmatrix errechnet, mit welcher sich die Umrechnung durchführen lässt. Das MATLAB-File liefert als Ergebnis den Taillendurchmesser und die Rayleighlänge des ursprünglichen Strahls. Hieraus wird nun der Divergenzwinkel bestimmt. Da der Divergenzwinkel dieser Lasermodule in einer früheren Arbeit [12] ohne der Verwendung einer Sammellinse in einem 100 m langen Messtunnel bereits ermittelt wurde, können diese früheren Ergebnisse mit den Ergebnissen, welche das MATLAB-File berechnet, verglichen werden.

Inhaltsverzeichnis

Teil I

Theoretischer Hintergrund

1 Einleitung

In Zusammenarbeit mit der Firma Steiner Optik GmbH aus Bayreuth werden an der Technischen Hochschule Deggendorf Laser-Range-Finding-Systeme entwickelt, welche in moderne Ferngläser integriert werden. Dabei werden bei der Firma Steiner Optik die mechanischen und optischen Komponenten entwickelt, wohingegen die Entwicklung der elektronischen und optoelektronischen Bauteile in den Laboren der Hochschule Deggendorf stattfindet.

Abbildung 1: Fernglas „M830r LRF 1535 nm“ mit integriertem Laser-Range-Finding-System der Firma Steiner Optik; Quelle: [13]

Bevor die gefertigten und zum Teil zugekauften elektronischen und optoelektronischen Komponenten in die übergeordneten Systeme verbaut werden, müssen diese noch an der Hochschule getestet werden. So auch die Lasermodule für das Laser-Range-Finding-System. Dafür ist bereits ein Messplatz entworfen worden, welchen jeder Laser durchläuft, um die Herstellerangaben zu verifizieren. Diese Messung findet in einem ca. 100 m langen Tunnel statt. Die Dauer für die Messung eines Lasermoduls ist erheblich. Diese Bachelorarbeit beschäftigt sich mit der Konzeption und den Aufbau eines neuen Messplatzes für diese Lasermodule mit kleineren Abmessungen und kürzerer benötigter Zeitdauer für die Messung. Dabei wird der Laserstrahl durch eine Sammellinse transformiert und anschließend vermessen. Mit Hilfe der Methode der Matrixoptik wird der Strahl rechnerisch zurück transformiert und man erhält die Parameter des Ausgangsstrahls.
Der erste Teil dieser Arbeit beschreibt die theoretischen Grundlagen des Lasers, sowie die Grundlagen der Matrizenoptik und deren Anwendung. Im zweiten Teil dieser Arbeit wird zunächst auf die Vorbereitung und die grundlegenden Gedanken zum Aufbau eines solchen Messplatzes eingegangen. Anschließend wird kurz auf die verwendete Hardware und Software eingegangen, worauf die Beschreibung der durchgeführten Messmethoden folgt. Am Ende dieser Arbeit werden die erzielten Ergebnisse verglichen und diskutiert. Außerdem wird auf technische Schwierigkeiten bei den verschiedenen Messverfahren eingegangen und ein Ausblick auf weitere Verbesserungsmöglichkeiten gegeben.

2 Grundlagen Laser

Das Akronym **Laser** steht für **L**ight **a**mplification by **s**timulated **e**mission of **r**adiation. Daraus lässt sich bereits erkennen, dass die Lichtverstärkung im Laser auf dem Prinzip der stimulierten Emission beruht. A. Einstein führte den Begriff 1917 ein und leitete mit dessen Hilfe das Plancksche Strahlungsgesetz ab, welches als erstes Gesetz die Quantisierung der Energie benutzte und den Beginn der Quantenmechanik darstellt.
Die ersten wichtigen Beiträge zur Entwicklung des heutigen Lasers kamen von Charles Townes und Arthur Schawlow 1958 aufbauend auf Berechnungen zum Maser (microwave amplification by stimulated emission of radiation) von N. Basow und A. Prokhorow ab 1954. G. Gould reichte 1959 ein Patent zum Laser ein. Gebaut wurde der erste optische Laser 1960 von Theodore Maiman. Es war ein blitzlampengepumpter Rubinlaser im Roten bei 694 nm. [11]

2.1 Eigenschaften von Laserstrahlung

Eine ideal monochromatische Quelle emittiert elektromagnetische Strahlung einer einzigen Frequenz. Die elektrische Feldstärke einer monochromatischen ebenen Welle ist nach [11] gegeben durch:

$$E(t) = E_0 \cdot \cos\left(\vec{k}\vec{r} - \omega t\right) = E_0 \cdot \cos(\phi) = E_0 \cdot \mathrm{Re}(\mathrm{e}^{\mathrm{j}\phi}) = E_0 \cdot \frac{\mathrm{e}^{\mathrm{j}\phi} + \mathrm{e}^{-\mathrm{j}\phi}}{2} \quad (2.1)$$

mit den Definitionen:

$$\textbf{Phase:} \qquad \phi := \vec{k}\vec{r} - \omega t \tag{2.2}$$

$$\textbf{Wellenvektor:} \qquad k := \frac{2\pi}{\lambda} \tag{2.3}$$

$$\textbf{Kreisfrequenz:} \qquad \omega := 2\pi\nu \tag{2.4}$$

Die elektrische Feldstärke ist also durch Amplitude und Phase eindeutig bestimmt. Zwischen Wellenlänge λ und Frequenz ν besteht der Zusammenhang über die Lichtgeschwindigkeit.

$$\textbf{Lichtgeschwindigkeit:} \qquad \lambda\nu = c := 299792458\,\frac{\mathrm{m}}{\mathrm{s}} \tag{2.5}$$

Die Energie E im Lichtfeld ist gequantelt und für die „Lichtteilchen", die Photonen, gilt:

$$E = h\nu \quad \text{und} \quad E = mc^2 = pc \quad \text{mit Impuls} \quad p = mc \tag{2.6}$$

$$\Rightarrow h\nu = pc \quad \text{bzw.} \quad p = \frac{h}{\lambda} \tag{2.7}$$

mit dem Planckschen Wirkungsquantum $h = 6.626 \cdot 10^{-34}$ Js.

Die Intensität des Feldes ist proportional zum Quadrat der Feldstärke. Für die instantane Intensität gilt:

$$\textbf{Intensität:} \qquad I(t) = c \cdot \epsilon_0 \cdot E_0^2 \tag{2.8}$$

Dabei bezeichnet $\epsilon_0 = 8.854 \cdot 10^{-12}\,\frac{\mathrm{As}}{\mathrm{Vm}}$ die Dielektrizitätskonstante. Photodetektoren sind nicht schnell genug, um der Trägerfrequenz von sichtbaren oder infraroten Licht zu folgen. Sie sehen eine über t gemittelte

Intensität.

$$I = \frac{1}{2} \cdot c \cdot \epsilon_0 \cdot E_0^2 \tag{2.9}$$

Eine monochromatische und ebene Welle, das heißt mit unendlicher Ausdehnung bei zeitlich und räumlich konstanter Intensität ist eine Idealisierung. Ein realer Laserstrahl wird besser mittels folgender Parameter beschrieben:

a) Spektrale bzw. temporale Intensitätsverteilung

Der Zusammenhang zwischen Spektrum und zeitlichen Verlauf lässt sich grundsätzlich als Fouriertransformation schreiben:

$$I(\mathrm{j}\omega) = \frac{1}{\sqrt{2\pi}} \int_{-\infty}^{+\infty} I(t)\mathrm{e}^{-\mathrm{j}\omega t} \cdot \mathrm{d}t \tag{2.10}$$

Ein zeitlich begrenzter Lichtpuls hat stets ein endlich breites Spektrum. Die Fouriertransformation Gl.2.10 ist von zentraler Bedeutung bei der Erzeugung von Laserpulsen kürzester Dauer.

b) Räumliche Intensitätsverteilung

Ist ein Laserstrahl nicht ideal symmetrisch wie ein gaußscher Strahl, nutzt man zur Definition des Strahlradius' w die Definition über das zweite Moment, das messtechnisch für beliebige Strahlformen erfassbar ist.

$$\textbf{Radius:} \qquad w^2(z) := \frac{\iint r^2 I(r,\phi,z) r \cdot \mathrm{d}r \cdot \mathrm{d}\phi}{\iint I(r,\phi,z) r \cdot \mathrm{d}r \cdot \mathrm{d}\phi} \tag{2.11}$$

Wie in Abbildung 2 dargestellt, kennzeichnet die halbe Divergenz $\frac{\theta}{2}$ die Strahlaufweitung in Ausbreitungsrichtung z weit weg von der Strahltaille.

$$\textbf{halbe Divergenz:} \qquad \frac{\theta}{2} := \frac{w_2 - w_1}{z_2 - z_1} \tag{2.12}$$

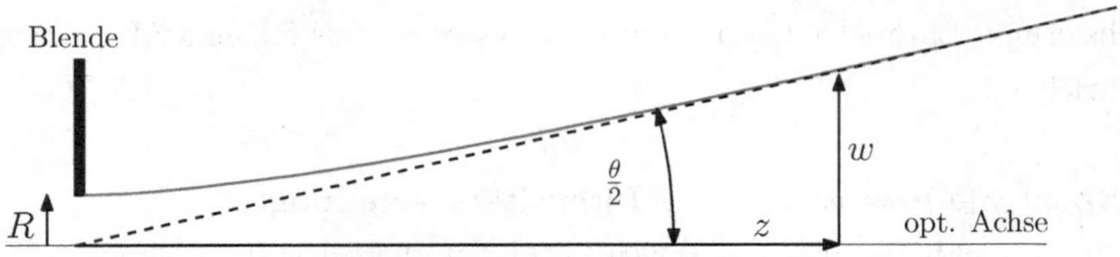

Abbildung 2: halber Divergenzwinkel eines kollimierten Laserstrahls an einer Blende

Um den Zusammenhang von minimalen Strahlradius und Divergenz zu diskutieren, ist es sinnvoll, zuvor den Welle-Teilchen-Dualismus zu betrachten. Manche Experimente, wie zum Beispiel das Interferenzmuster bei einem Doppelspaltaufbau, lassen sich im Wellenbild verstehen, andere, wie der Photoeffekt, im Teilchenbild. Dieser Dualismus von Welle und Photon ist eine fundamentale Eigenschaft von Licht. Das Experiment selbst legt fest, in welchen Bild ein Experiment beschrieben werden muss. Von Photon sollte nur gesprochen werden, wenn explizit Teilcheneigenschaften wie die Übertragung einer Einheit Drehimpuls, Energie oder Parität bei einer Wechselwirkung beobachtet werden. Von Welle sollte gesprochen werden, wenn Interferenz, Beugung, Strahlausbreitung etc. behandelt werden.
Der nichtlokale Charakter einer Welle ergibt sich nicht daraus, dass sich viele Photonen überlagern. Die Interferenzfähigkeit ist keine Ensembleeigenschaft, tatsächlich ergibt sich das Interferenzmuster des Doppelspalts auch, wenn der Photonenfluss so gering ist, dass zu jedem Zeitpunkt nicht mehr als ein

Photon detektiert wird.
Das folgende Beispiel soll diesen Dualismus verdeutlichen. Man könnte ein Interferenzmuster hinter einem Doppelspalt zum Beispiel mit einer Anordnung von Photomultipliern nachweisen. Jeder Photomultiplier ist hierbei lokalisiert mit einer Ausdehnung Δx in der Ebene senkrecht zur Ausbreitungsrichtung der Photonen. Einzelne Photonen werden durch das Auslösen einer Elektronenlawine nachgewiesen. Die Quantennatur führt aber zu einer Unbestimmtheit der Impulskomponente in der Ebene der Photomultiplier, was sich im Experiment dadurch äußert, dass die einzelnen Photomultiplier mit Wahrscheinlichkeiten ansprechen, die dem bekannten Interferenzbild des Doppelspaltaufbaus entsprechen. Der Welle-Teilchen-Dualismus ist also nicht widersprüchlich, sondern beschreibt die geeignete Wahl der Observablen bei einem gegebenem Experiment.
In diesem Experiment ist die Unbestimmtheit anhand der begrenzten Ausdehnung der Photomultiplier eingeführt worden. Die allgemeine Unbestimmtheitsrelation zwischen Ort und Impuls,

$$\Delta x \Delta p_x \geq \frac{h}{\pi} \tag{2.13}$$

gilt auch für eine entsprechende Präparation, zum Beispiel eine Blende mit Radius $R = \Delta x$. Dies ist in Abbildung 2 dargestellt. Mit $\Delta p = hw$ ergibt sich ein Divergenzwinkel von

$$\frac{\theta}{2} \geq \frac{w}{z} = \frac{\lambda}{R\pi}. \tag{2.14}$$

Dieses Phänomen heißt Beugung. Wegen der Beugung kann es keinen über beliebige Entfernungen kollimierten Laserstrahl geben. Der endliche Durchmesser des Laserstrahls führt unweigerlich zur Divergenz. Folgt man

dem Strahlengang in entgegengesetzter Richtung, stellt man fest, dass ein entsprechender Laserstrahl nicht in einen infinitesimalen Punkt, sondern nur in einen endlich ausgedehnten, beugungsbegrenzten Flecken fokussiert werden kann. Tatsächlich ist dieser Fleck mindestens um den Faktor 1,4 größer als in Gl. 2.14 . Dies liegt in der Definition der Strahlausdehnung Δx begründet. Die Definition besagt, dass die Grenze der Strahlausdehnung dort ist, wo die Intensität auf den $\frac{1}{\mathrm{e}^2}$-fachen Wert des Maximums gefallen ist. Dies ist gleichbedeutend mit dem $\frac{1}{\mathrm{e}}$-fachen Wert des Amplitudenmaximums.
Es sei darauf hingewiesen, dass die Beugung kein Phänomen ist, für das man die Heisenbergsche Unschärferelation kennen muss. Beugung ist ein schon lange bekanntes, weit verbreitetes Phänomen, welches bei allen Wellen auftreten kann, zum Beispiel bei Wasserwellen. Treffen ebene Oberflächenwellen in einem Wasserbecken auf ein Hindernis ähnlich einem Doppelspalt, ergibt sich das gleiche Interferenzmuster wie bei Lichtwellen.
In Gl. 2.14 sieht man, dass für einen beugungsbegrenzten Strahl das Produkt aus halber Divergenz und minimaler Strahltaille den Wert $\frac{\theta}{2} \cdot w_0 \geq \frac{\lambda}{\pi}$ nicht unterschreiten kann. Daraus definiert man einen Faktor $Q = M^2$, der Beugungsmaßzahl (M^2-Faktor) genannt wird und der die Strahlqualität eines realen Strahls angibt. Man bildet den Quotienten des realen Strahlradius' W_0, gemessen über das zweite Moment wie in Gl. 2.11 , mit dem idealen Strahlradius $w_0 = \frac{\lambda}{\frac{\theta}{2} \cdot \pi}$:

Beugungsmaßzahl: $$Q = M^2 := \frac{W_0}{w_0} = W_0 \frac{\pi \cdot \frac{\theta}{2}}{\lambda} \qquad (2.15)$$

Dieser Wert gibt also an, um wie viel der Strahldurchmesser bei gleichem Divergenzwinkel größer ist als beim idealen (gaußschen) Strahl. Somit ist dieser Faktor ein Maß für die Fokussierbarkeit eines Strahls. Analog gibt er auch an, um wie viel der Divergenzwinkel eines realen Strahls Θ bei gleichem Radius der Strahltaille größer ist als der Divergenzwinkel θ des idealen Strahls.

$$\Theta = M^2 \cdot \theta \tag{2.16}$$

Die Bezeichnung Beugungsmaßzahl verdeutlicht, dass die Divergenz eine Folge der Beugung ist.

c) Zeitliche und räumliche Kohärenz

Ein weiterer wichtiger Grundbegriff der Laserphysik ist die Kohärenz. Bewegt man einen der Spiegel in einem Michelson-Interferometer wie in Abbildung 3 veranschaulicht, beobachtet man Interferenz in Form einer zyklischen Zu- und Abnahme der Intensität.

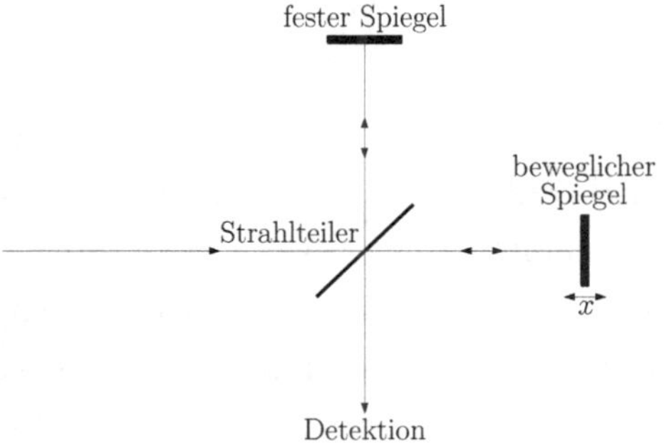

Abbildung 3: Schematischer Aufbau eines Michelson-Interferometers

Im besten Falle ist eine vollständige Auslöschung möglich. Auslöschung bedeutet, dass der Ausgang des Interferometers dunkel wird, wobei die Photonen jedoch nicht vernichtet, sonder rückreflektiert werden. Bei unvollständiger Kohärenz ist dies nicht möglich. Zur Quantifizierung der Kohärenz definiert man den Streifenkontrast,

$$\textbf{Streifenkontrast:} \qquad V(x) := \frac{I_{\max}(x) - I_{\min}(x)}{I_{\max}(x) + I_{\min}/x)} \tag{2.17}$$

wobei $I_{\max}(x)$ und $I_{\min}(x)$ die Maxima und Minima der Intensität sind, die bei einer Längenänderung x des einen Interferometerarmes durchlaufen werden. Mit zunehmenden Armlängenunterschied nimmt der Kontrast bei begrenzter Kohärenz ab. Man definiert die Kohärenzlänge l_c über den Weglängenunterschied, bei dem der Kontrast auf einen bestimmten Wert k abgefallen ist.

$$\textbf{Kohärenzlänge } l_c\textbf{:} \qquad V(l_c) = kV(x = 0) \tag{2.18}$$

Die Festlegung des Faktors k ist in der Literatur nicht eindeutig. Es wird je nach Anwendungsfall $k = \frac{1}{e^2}, \frac{1}{2}, \frac{1}{\sqrt{2}}$ verwendet. [6] [14]

2.2 Gaußstrahlen

Einen elektromagnetischen Strahl, dessen Feld- und Intensitätsverteilung im Querschnitt durch eine Gaußfunktion beschrieben werden kann, bezeichnet man als Gaußstrahl. Die Breite der Gaußkurve variiert längs zur Ausbreitungsrichtung des Strahls aufgrund der Beugung, siehe Kapitel 2.1. Ein Gaußstrahl zeichnet sich durch starke Bündelung bei begrenzter transversaler Ausdehnung und kleiner Divergenz aus. Strahlen, deren Winkel zur optischen Achse sehr klein sind, können als paraxial betrachtet werden. Auch der hier verwendete Er:Glass-Laser wird wegen seinem kleinen Divergenzwinkel als paraxial betrachtet.

2.2.1 Wellengleichung Gaußstrahl

Das elektromagnetische Feld des Gaußstrahls erhält man aus den Maxwell-Gleichungen für konstante Frequenz ω, also aus der Helmholtz-Gleichung, nach paraxialer Näherung. Dabei wird die zweite Ableitung bezüglich z gegenüber der ersten Ableitung nach z und den zweiten Ableitungen nach x und y vernachlässigt. [8]

paraxiale Helmholtzgleichung:
$$\left(\frac{\partial^2}{\partial x^2}+\frac{\partial^2}{\partial y^2}\right)E(x,y,z)-2\mathrm{j}k\frac{\partial E(x,y,z)}{\partial z}=0 \tag{2.19}$$

Die Lösung der paraxialen Helmholtzgleichung repräsentiert die Amplitude des elektrischen Feldes $E(x,y,z)$, welche sich gemeinsam mit dem magnetischen Feld als elektromagnetische Welle ausbreitet. Zur Beschreibung der Eigenschaften des Gaußstrahls ist ein Feld ausreichend. In der Literatur wird dazu meistens das elektrische Feld herangezogen. Da für alle weiteren Betrachtungen die zeitliche Änderung des elektrischen Feldes nicht relevant ist, wird darauf nicht eingegangen und der $\mathrm{e}^{\mathrm{j}\omega t}$-Term fällt weg. Zur mathematischen Beschreibung eines Gaußstrahls werden vorzugsweise Zylinderkoordinaten verwendet. Die z-Achse soll dabei die Ausbreitungsrichtung darstellen, wobei die Strahltaille im Koordinatenursprung $z=0$ liegt.

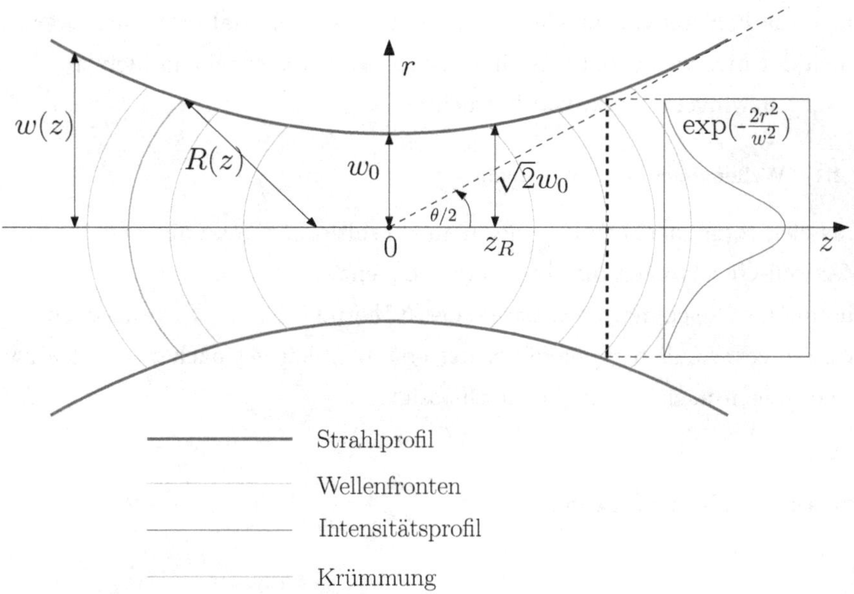

Abbildung 4: Schematische Darstellung eines Gaußstrahls

Für den Gaußstrahl in seiner Grundmode ergibt sich folgende Wellenfunktion:

$$E(r,z) = E_0 \cdot \frac{w_0}{w(z)} \cdot \mathrm{e}^{-\frac{r^2}{w(z)^2}} \cdot \mathrm{e}^{-\mathrm{j}k\frac{r^2}{2R(z)}} \cdot \mathrm{e}^{\mathrm{j}(\varsigma(z) - kz)} \tag{2.20}$$

Der Radius ist an der Taille am kleinsten und wird dort mit w_0 bezeichnet. Allgemein ist der Strahlradius von der Ausbreitungsrichtung abhängig und wird somit mit $w(z)$ beschrieben. Der Krümmungsradius der Wellenfront $R(z)$ ist ebenfalls von z abhängig. Der Faktor $\mathrm{e}^{-\frac{r^2}{w(z)^2}}$ beschreibt die transversale Feldverteilung, wohingegen die Ausbreitung in z-Richtung mit dem Term $\mathrm{e}^{-\mathrm{j}kz}$ erklärt wird. Die Krümmung der Phasenflächen wird durch den komplexen

Term $e^{-jk\frac{r^2}{2R(z)}}$ beschrieben.

Ein weiterer Term der Wellenphase des Gaußstrahls wird **Gouy-Phase** genannt:

$$\varsigma(z) = \arctan\left(\frac{z}{z_R}\right) \tag{2.21}$$

Sie beschreibt den Phasenunterschied von π der Grundmode beim Übergang von $z << -z_R$ zu $z >> z_R$ und entspricht dem Umklappen im Fokus nach der klassischen Strahlenoptik. Beim vollständigen Durchgang des Gauß-Bündels durch seine Taille erfährt der paraxiale Strahl im Vergleich zur ebenen Welle e^{-jkz} die entsprechend einer halben Wellenlänge geringere Phasenverschiebung im Fall der rotationssymmetrischen Grundmode.

2.2.2 Parameter des Gaußstrahls

Ein wichtiger Parameter zur Beschreibung eines gauß'schen Strahls ist die **Rayleighlänge**. Diese ist die Distanz, die ein Laserstrahl benötigt, um seine Querschnittsfläche ausgehend von der Strahltaille zu verdoppeln. Der Radius ist dort um den Faktor $\sqrt{2}$ größer als der Taillendurchmesser w_0.

Rayleighlänge: $$z_R = \frac{w_0^2\pi}{\lambda} \tag{2.22}$$

Ist die Rayleighlänge und die verwendete Wellenlänge bekannt, lässt sich daraus der **Radius in der Strahltaille** bestimmen.

Taillenradius: $$w_0^2 = z_R \cdot \frac{\lambda}{\pi} \rightarrow w_0 = \sqrt{z_R\frac{\lambda}{\pi}} \tag{2.23}$$

Allerdings ändert sich der **Strahlradius** mit der Ausbreitung. Sind zwei der drei Parameter (λ, w_0, z_R) bekannt, so lässt sich das gesamte Strahlprofil in Abhängigkeit von z berechnen:

$$\textbf{Strahlradius:} \qquad w(z) = \sqrt{\frac{\lambda \cdot z_R}{\pi}\left(1 + \frac{z^2}{z_R^2}\right)} = w_0 \cdot \sqrt{1 + \frac{z^2}{z_R^2}} \tag{2.24}$$

Ebenfalls ändert sich mit der Ausbreitung der **Krümmungsradius der Wellenfronten**. Der Krümmungsradius besitzt ein Minimum bei $z = z_R$. Das heißt, dass beim Abstand von einer Rayleighlänge von der Taille der Gaußstrahl die stärkste Krümmung der Wellenfront aufweist. An der Stelle der Strahltaille stellt die Wellenfront eine Ebene dar, wobei der Krümmungsradius $R(z)$ den Wert ∞ hat.

$$\textbf{Krümmungsradius:} \qquad R(z) = z\left(1 + \frac{z_R^2}{z^2}\right) \tag{2.25}$$

An der Gleichung für den Krümmungsradius erkennt man, dass der Gaußstrahl in der Umgebung der Strahltaille (Nahfeld) einer ebenen Welle ähnelt. Befindet man sich weiter weg von der Taille (Fernfeld), lässt sich der Strahl in guter Näherung mit einer sphärischen Welle beschreiben. Durch die Betrachtung von $\frac{w(z\to\infty)}{z}$ kann die **halbe Fernfelddivergenz** definiert werden.

$$\textbf{halbe Fernfelddivergenz } \frac{\theta}{2}\textbf{:} \qquad \tan\,\frac{\theta}{2}\Big) \approx \frac{\theta}{2} = \frac{\lambda}{\pi w_0} = \frac{w_0}{z_R} \tag{2.26}$$

Im Fernfeld wächst der Strahlradius $w(z)$ linear mit der Entfernung z von der Taille an. Die Intensität nimmt dann mit dem Quadrat der Entfernung z^2 ab.

2.2.3 Intensitätsprofil

In einer senkrecht zur Ausbreitungsrichtung liegenden Ebene weist die Grundmode eines Laserstrahls eine Intensitätsverteilung mit radialsymmetrischen gaußförmigen Profil auf. Genauer betrachtet hängt die Intensitätsverteilung auch von dem Medium ab, in dem sich der Laserstrahl ausbreitet. Die Abhängigkeit des Mediums spiegelt sich im Wellenwiderstand η wider. [14]

$$\textbf{Intensitätsprofil:} \quad I(r,z) = \frac{E(r,z)^2}{2\eta} = I_{\max} \cdot \frac{w_0^2}{w(z)^2} \cdot \mathrm{e}^{-\frac{2r^2}{w(z)^2}} \tag{2.27}$$

Sollte sich der Laserstrahl im Vakuum ausbreiten, so wird $\eta = \sqrt{\frac{\mu_0}{\epsilon_0}} = 376{,}7\,\Omega$ als Wellenwiderstand des Vakuums bezeichnet. Die Gesamtleistung, welche durch den Laserstrahl übertragen wird, berechnet sich über das Flächenintegral senkrecht zur Ausbreitungsrichtung. In Polarkoordinaten betrachtet sind bei der betrachteten Fläche die Integrationsgrenzen für den Winkel 0 und 2π und für den Radius 0 und ∞. Die obere Integrationsgrenze für den Radius ist deshalb ∞, weil sich die Leistung theoretisch auf eine unendlich große Fläche ausbreitet. [6]

$$\textbf{Gesamtleistung:} \quad P = \int_0^{2\pi}\int_0^{\infty} I(r,z)\cdot r\cdot \mathrm{d}\varphi\cdot \mathrm{d}r = \int_0^{\infty} I(r,z)\cdot 2\pi\cdot r\cdot \mathrm{d}r \tag{2.28}$$

$$= I_{\max}\cdot \frac{w_0^2}{w(z)^2}\int_0^{\infty} \mathrm{e}^{-\frac{2r^2}{w(z)^2}}\cdot 2\pi\cdot r\cdot \mathrm{d}r = \frac{1}{2}\cdot I_{\max}\cdot \pi\cdot w_0^2 \tag{2.29}$$

2.3 Er:Glass-Laser

Die Lasermodule, die in die anfangs erwähnten Laser-Range-Finding-Systeme eingebaut werden sollen, sind allesamt Erbium-Glas-Laser. Da die Wellenlänge von 1535 nm, die sie generieren, nicht durch das Auge auf die Netzhaut fokussiert werden kann, sind sie eine augensichere Alternative zu den gängigen Nd:YAG-Lasersystemen. Zum Laser-Range-Finding sendet der Laser sehr kurze Lichtpulse mit einer Pulsdauer von FWHM[1] $\approx$ 4 ns mit einer Frequenz von 100 Hz aus.

Abbildung 5: Er:Glass-Laser

Die Abbildung 6 zeigt schematisch ein Energie-Diagramm eines solchen Er:Glass-Lasers. Das 3-Level-Verhalten von Erbium führt zu einer niedrigen Effizienz. Erbium ist bei der Pumpstrahlung (0,9 − 1 µm) nahezu transparent, wodurch die Strahlung von den Erbiumionen nur sehr schwach absorbiert

[1]FWHM = full width at half maximum

wird, was wiederum zu einer schlechten Effizienz des Lasers führt. Durch die Dotierung von Ytterbium(Yb^{+3})- und Chrom(Cr^{+3})-Ionen wird eine Effizienzsteigerung erreicht. Das Ytterbium wirkt als Sensibilisator und hilft dabei, die Pumpstrahlung zu absorbieren. Die Chromionen dienen dazu, das Emissionsspektrum der Blitzlampen an das Absorptionsspektrum von Ytterbium:Glass anzupassen.

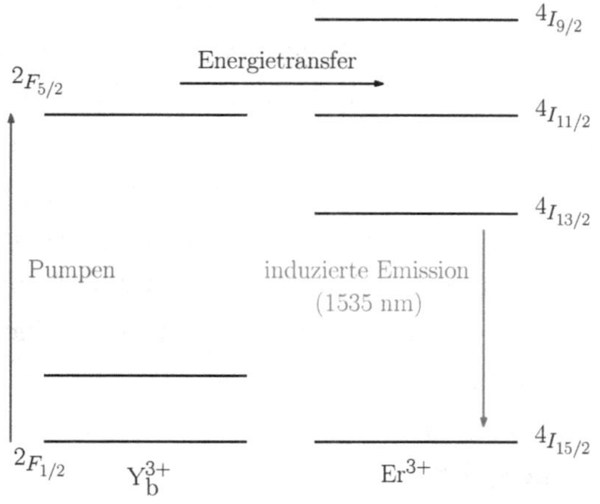

Abbildung 6: Schematische Darstellung der verschiedenen Energieniveaus in einem Er:Glass-Laser

2.4 Güteschaltung

Das Güteschalten ist eine häufig verwendete Technik zum Erzeugen intensiver kurzer Lichtpulse mit Lasern. Bei der Anwendung des Range-Finding steht die kurze Pulsdauer mehr im Vordergrund wie eine extrem hohe Pulsenergie und Spitzenleistung. Es wird eine Pulsdauer von wenigen Nanosekunden erreicht. Die Güteschaltung wird auch als „Q-switching“ bezeichnet, weil es sich dabei um ein sehr schnelles Umschalten des Gütefaktors Q der Resonatorkavität handelt. Das heißt, dass sich das Verhältnis von gespeicherter Energie zu verlorener Energie pro Zyklus blitzartig ändert. Zu Beginn werden die Verluste bei einem Umlauf im Resonator hoch gehalten, wodurch keine Laseraktivität auftreten kann und somit die in das Gain-Medium eingespeiste Energie aufsummiert wird. Dabei kann die eingespeiste Energie ein Vielfaches der eigentlichen Sättigungsenergie betragen. Beim Q-switch reduzieren sich dann die Verluste schlagartig. Ein kleiner Teil an Fluoreszenzlicht vom Lasermedium, welches zufällig in Richtung der Strahlachse emittiert wurde, wird nun bei jedem Resonatorumlauf deutlich verstärkt, weil die Verstärkung pro Umlauf deutlich höher ist als die Verluste. Hierbei steigt die optische Leistung im Resonator, und dementsprechend die ausgekoppelte Leistung, exponentiell über viele (typischerweise Hunderte) Umläufe an, bis der inzwischen sehr stark gewordene Puls dem Lasermedium einen erheblichen Teil der dort gespeicherten Energie entnommen hat. Das Leistungsmaximum des Pulses ist erreicht, wenn die Verstärkung (Gain) gleich den übrigen Resonatorverlusten (Loss) ist. Danach fällt die Laserleistung wieder steil ab und ein neuer Zyklus kann beginnen.

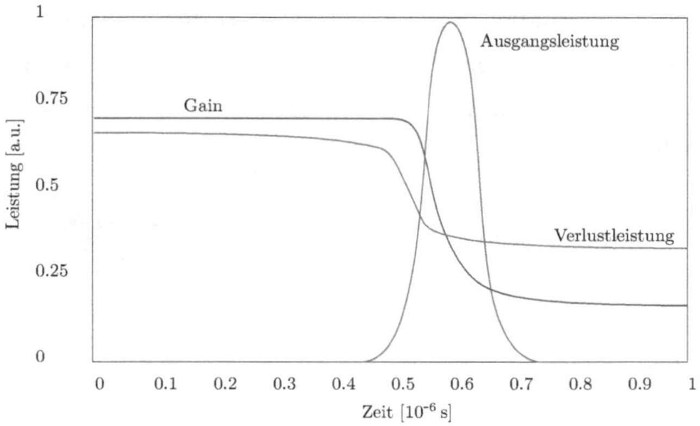

Abbildung 7: Zeitlicher Verlauf von Gain, Verlustleistung und Ausgangsleistung in einem mit passiver Güteschaltung betriebenen Festkörperlaser

Bei dem hier verwendeten Er:Glass-Laser geschieht das Q-switching auf passive Weise. Das heißt, dass die Verluste automatisch über einen sättigbaren Absorber geregelt werden. Der Puls entsteht dann, wenn die im Gain-Medium gespeicherte Energie einen gewissen Wert erreicht hat.
Die Breite des vom Laser emittierten Pulses hängt von der Umlaufzeit im Resonator, der Reflexivität des Auskopplungsspiegels und von dem Wert der gespeicherten Energie beim Umschalten des Gütefaktors ab. Die Pulsbreite lässt sich näherungsweise wie folgt berechnen:

Pulsbreite: $$t_{pq} = \frac{t}{1-R} \tag{2.30}$$

Dabei soll t die Umlaufdauer im Resonator und R der Reflexionsgrad des Auskopplungsspiegels sein. Die Umlaufdauer t hängt von der Länge des Resonators L, dem Brechungsindex n des Lasermediums und der Lichtgeschwindigkeit c ab.[7]

Umlaufdauer:
$$t = \frac{2 \cdot L \cdot n}{c} \tag{2.31}$$

3 Matrixmethoden in der paraxialen Optik

Wenn ein optisches System aus mehreren Elementen besteht, benötigt man ein allgemeines Verfahren, welches die Berechnung der optischen Kenngrößen dieses Systems erleichtert. Solange man sich auf paraxiale Strahlen (Strahlen mit kleinen Winkeln zur optischen Achse) beschränkt, kann dies im Rahmen einer einfachen Matrixmethode erfolgen. Vorerst wird die Matrixmethode anhand der geometrischen Strahlenoptik eingeführt, worauf eine Betrachtung dieser Methode bei der Ausbreitung und Transformation von Gaußstrahlen folgt.

Zu beachten ist, dass bei der Verwendung der Matrixmethode in verschiedenen Literaturen die unterschiedlichsten Vorzeichenkonventionen verwendet werden. Die Basis der Bezeichnungsregeln in dieser Arbeit bildet die DIN 1335 (Ausnahme Kapitel 3.2). Die Lichtrichtung verläuft dabei von links nach rechts. Strecken, die vom Bezugspunkt nach rechts oder nach oben verlaufen, sind positiv. Strecken, die vom Bezugspunkt nach links oder nach unten verlaufen, sind negativ. Ein Radius wird somit positiv, wenn sich der Krümmungsmittelpunkt in Lichtrichtung befindet. Die Vorzeichen von Winkeln werden relativ zu einem Bezugsschenkel bestimmt. Ein positives Vorzeichen ergibt sich, wenn man den Bezugsschenkel entgegen den Uhrzeigersinn bis zum Zusammenfallen mit dem anderen Schenkel drehen muss („Linksdrehrichtung“).[4]

3.1 Geometrische Strahlenoptik mit Matrizen

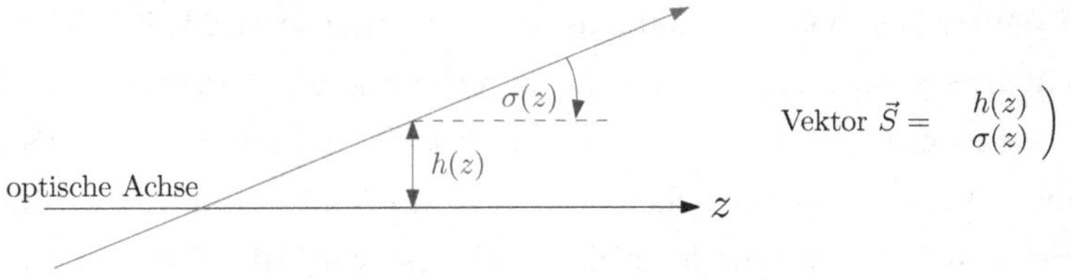

Abbildung 8: Lichtstrahl wird an jedem Ort z der optischen Achse als ein Vektor mit den Komponenten σ und h beschrieben

Spielen die Welleneigenschaften des Lichts, wie Beugung und Interferenz, für die Bestimmung gewisser optischer Kennzahlen in einem optischen System eine untergeordnete Rolle, so kann man gedachte Lichtstrahlen betrachten und damit rechnen. Für die Verwendung der Matrixmethode stellt man einen Lichtstrahl als einen Vektor dar. Wie in Abbildung 8 zu sehen ist, wird dieser Vektor an jedem Ort z auf der optischen Achse durch den Winkel $\sigma(z)$ und dem Abstand $h(z)$ bestimmt. Breitet sich nun ein solcher Lichtstrahl durch ein optisches System aus, so ändert sich der Abstand h zur optischen Achse und der Winkel σ in Bezug zur optischen Achse. In der Matrizenoptik wird diese Veränderung durch die Multiplikation des Anfangsvektors mit einer 2x2-Matrix dargestellt (siehe [1], [2], [8]). Der Anfangsvektor beschreibt den Lichtstrahl unmittelbar vor dem Eintreten in das optische System. Das Ergebnis der Multiplikation beschreibt den Lichtstrahl unmittelbar nach dem Austreten aus dem optischen System. Jedes optische System besitzt aufgrund seiner physikalischen Parameter eine individuelle sogenannte ABCD-Matrix, welche die Veränderung eines Lichtstrahls beim Durchlaufen des Systems beschreibt.

$$\begin{pmatrix} h'(z) \\ \sigma'(z) \end{pmatrix} = \begin{bmatrix} \mathrm{A} & \mathrm{B} \\ \mathrm{C} & \mathrm{D} \end{bmatrix} \cdot \begin{pmatrix} h(z) \\ \sigma(z) \end{pmatrix} \tag{3.1}$$

3.1.1 Translationsmatrix

Zunächst wird die Translation eines Lichtstrahls (siehe Abbildung 9) in einem homogenen Medium (ohne Änderung der Brechzahl n) betrachtet. Die in axialer Richtung zurückgelegte Entfernung wird durch l beschrieben. In den Punkten 0 und 1 ist die Höhe und die Steigung des Strahls durch die Parameter h_0 und σ_0 bzw. h_1 und σ_1 angegeben. Wichtig dabei ist, dass die Strahlhöhen h_0 bzw. h_1 nicht mit der Objektgröße y bzw. der Bildgröße y' verwechselt werden.

Bei der Translation eines Strahls vom Punkt 0 zum Punkt 1 gilt:

$$\sigma_1 = \sigma_0 \tag{3.2}$$

$$h_1 = h_0 - l \cdot \tan(\sigma_0) \tag{3.3}$$

Um beim Einsetzen von Werten für h, l und σ auch sinnvolle Ergebnisse zu bekommen, ist es wichtig, auf die Vorzeichen besonders zu achten. Bei dem Beispiel in Abbildung 9 hätten die Zahlenwerte für h und l positive und der für σ ein negatives Vorzeichen.

Unter Anwendung der paraxialen Näherung $\tan(\sigma) \approx \sigma$ lassen sich die Gleichungen 3.2 und 3.3 folgendermaßen umschreiben:

$$h_1 = h_0 \cdot 1 + \sigma_0 \cdot (-l) \tag{3.4}$$

$$\sigma_1 = h_0 \cdot 0 + \sigma_0 \cdot 1 \tag{3.5}$$

Zusammengefasst und in Matrixschreibweise dargestellt erhält man dann folgende Gleichung:

$$\begin{pmatrix} h_1 \\ \sigma_1 \end{pmatrix} = \begin{bmatrix} 1 & -l \\ 0 & 1 \end{bmatrix} \cdot \begin{pmatrix} h_0 \\ \sigma_0 \end{pmatrix} \tag{3.6}$$

Die in dieser Gleichung verwendete Matrix beschreibt eine Translation um die Entfernung l.

$$\textbf{Translationsmatrix:} \qquad \mathbf{T} = \begin{bmatrix} 1 & -l \\ 0 & 1 \end{bmatrix} \tag{3.7}$$

Die Eingangswerte $h_E = h_0$ und $\sigma_E = \sigma_0$ werden durch die Translationsmatrix in die Ausgangswerte $h'_A = h_1$ und $\sigma'_A = \sigma_1$ umgewandelt.

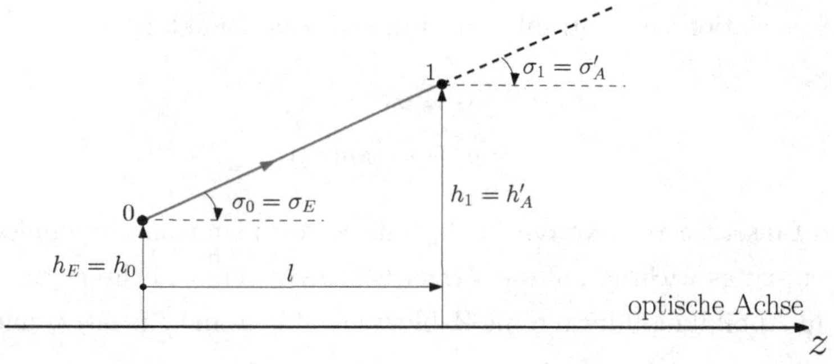

Abbildung 9: Translation eines Lichtstrahls in einem homogenen Medium

3.1.2 Brechungsmatrix

Nun wird die Brechung eines Lichtstrahls an einer Kugelfläche betrachtet. Das Medium vor der Kugelfläche soll die Brechzahl n haben und das Medium hinter der Kugelfläche die Brechzahl n' (siehe Abbildung 10). Es werden wieder die Kenngrößen des Strahls nach der Brechung h' und σ' aus den Kenngrößen vor der Brechung h und σ berechnet. Die Brechung selbst geschieht nur an einem Punkt, weshalb keine Änderung des Strahlabstandes zur optischen Achse auftritt.

$$h' = h \tag{3.8}$$

Für die Winkel aus Abbildung 10 ergibt sich:

$$\sigma' = \varphi - \epsilon' = \frac{h}{r} - \epsilon' \tag{3.9}$$

$$\sigma = \varphi - \epsilon = \frac{h}{r} - \epsilon \tag{3.10}$$

Unter Betrachtung der paraxialen Form des Brechungsgesetzes $n \cdot \epsilon = n' \cdot \epsilon'$ erhält man daraus:

$$\sigma' = -\frac{n}{n'} \cdot \epsilon + \frac{h}{r} = \left(\frac{n' - n}{n'r}\right) h + \frac{n}{n'} \cdot \sigma \tag{3.11}$$

Aus den Gleichungen 3.8 und 3.11 lässt sich jetzt wieder ein lineares Gleichungssystem bilden:

$$h' = h \cdot 1 + \sigma \cdot 0 \tag{3.12}$$

$$\sigma' = h \cdot \left(\frac{n' - n}{n'r}\right) + \sigma \cdot \frac{n}{n'} \tag{3.13}$$

Dieses Gleichungssystem kann man jetzt folgendermaßen in Matrixform ausdrücken:

$$\begin{pmatrix} h' \\ \sigma' \end{pmatrix} = \begin{bmatrix} 1 & 0 \\ \frac{n'-n}{n'r} & \frac{n}{n'} \end{bmatrix} \cdot \begin{pmatrix} h \\ \sigma \end{pmatrix} \tag{3.14}$$

Daraus kann man die Brechungsmatrix für eine Kugelfläche ablesen:

Brechungsmatrix: $$\mathbf{B} = \begin{bmatrix} 1 & 0 \\ \frac{n'-n}{n'r} & \frac{n}{n'} \end{bmatrix} \tag{3.15}$$

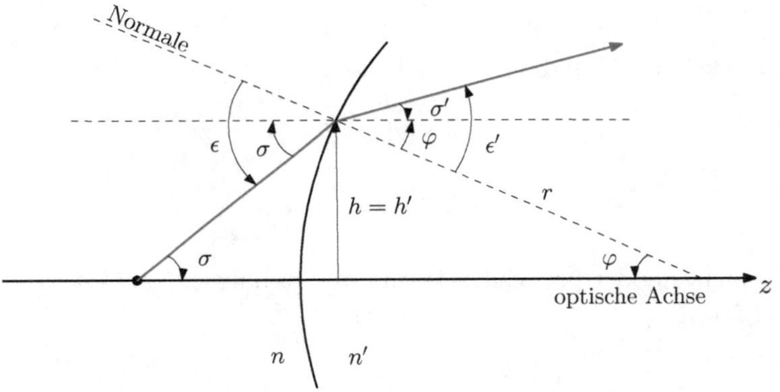

Abbildung 10: Brechung eines Lichtstrahls an einer sphärischen Fläche

Strecken, welche in die selbe Richtung wie die Lichtrichtung orientiert sind, erfordern ein positives Vorzeichen für den Zahlenwert, den man bei der Berechnung einsetzt. Der Krümmungsradius in Abbildung 10, welcher von der sphärischen Fläche aus gezählt wird, hat somit ein positives Vorzeichen. Für den Fall, dass r gegen ∞ geht, erhält man die Brechungsmatrix für eine ebene Fläche.

3.1.3 Systemmatrix aus mehreren Elementen

Bei einem komplexen optischen System handelt es sich nicht nur um eine einfache Translation oder Brechung an einer Kugelfläche. Ein optisches System wird meistens durch eine Vielzahl an Strahltransformationen (Brechung, Reflexion, Translation,...) beschrieben. Um nicht jeden Teilschritt einzeln berechnen zu müssen, kann man in der Matrizenoptik sämtliche einem System angehörigen Transformationen zu einer einzigen Systemmatrix zusammenfassen. Das Gesamtsystem wird somit wieder durch eine einfache 2x2-Matrix dargestellt, welche die Veränderung eines Lichtstrahls beim Durchlaufen des Systems beschreibt. Die Systemmatrix erhält man durch Multiplikation der Einzelmatrizen, wobei auf die Rechenregeln der Matrixmultiplikation zu achten ist. Hat man zum Beispiel ein optisches System mit K verschiedenen Transformationen, so wird das System mit folgender Systemmatrix beschrieben:

$$\textbf{Systemmatrix:} \qquad \mathbf{S} = M_K \cdot M_{K-1} \cdot \ldots \cdot M_2 \cdot M_1 \tag{3.16}$$

Daraus lassen sich die Strahldaten nach dem Durchlaufen des Systems berechnen:

$$\begin{pmatrix} h'_A \\ \sigma'_A \end{pmatrix} = M_K \cdot M_{K-1} \cdot \ldots \cdot M_2 \cdot M_1 \cdot \begin{pmatrix} h_E \\ \sigma_E \end{pmatrix} = S \cdot \begin{pmatrix} h_E \\ \sigma_E \end{pmatrix} \tag{3.17}$$

Um bei einem System aus vielen Einzelmatrizen die Richtigkeit der Systemmatrix zu überprüfen, ist der Wert der Determinante ein gutes Mittel zur Kontrolle. Für jede Systemmatrix gilt:

$$\det M = \mathrm{AD} - \mathrm{BC} = \frac{n_{\text{System-Eingang}}}{n'_{\text{System-Ausgang}}} \tag{3.18}$$

Diese Bedingung folgt aus den Eigenschaften der elementaren Matrizen und aus der Multiplikation Ihrer Determinanten.

$$\det M = (\det M_K) \cdot (\det M_{K-1}) \cdot ... \cdot (\det M_1) \tag{3.19}$$

3.2 Gaußstrahlen mit Matrizen

In der Laseroptik ist es üblich, eine etwas andere Vorzeichenkonvention zu verwenden. Grund dafür ist, dass man mit der in Kapitel 3.1 beschriebenen Vorzeichenkonvention bei der Berechnung der Strahlengänge in einem Spiegelresonator bei wiederholten Reflexionen an den Spiegeln ständig eine Vorzeichenumkehr zu beachten hätte. Um diese Vorzeichenumkehr zu vermeiden, wird in der Laseroptik mit der Vorzeichenkonvention der „aufgefalteten Krümmungsradien“ gerechnet. Hierdurch ergeben sich gegenüber Kapitel 3.1 folgende Änderungen der Matrizen:

- Translation: $-l$ durch $+l$ ersetzen
- Brechung: $(n' - n)$ durch $(n - n')$ ersetzen

3.2.1 Der komplexe Parameter q

Wie bereits im Kapitel 2.2.1 gezeigt wurde, lässt sich der Gaußstrahl in seiner Grundmode mit der Wellenfunktion 2.20 beschreiben. Unter Verwendung des komplexen Strahlparameters $q(z)$ und unter Vernachlässigung der Gouy-Phase lässt sich die Gleichung für die elektrische Feldstärke des Gaußstrahls vereinfacht darstellen[9]:

$$E(x,y,z)=\frac{E_0}{q(z)}\cdot \mathrm{e}^{-\mathrm{j}k\frac{x^2+y^2}{2q(z)}} \tag{3.20}$$

Amplitude und Phase der komplexen Amplitude können dabei separiert werden, wenn die komplexe Funktion

$$\frac{1}{q(z)}=\frac{1}{z+\mathrm{j}z_R}=\frac{1}{z+q_0} \tag{3.21}$$

in ihren Real- und Imaginärteil zerlegt wird (dabei ist q_0 der komplexe Parameter an der Stelle der Strahltaille). Somit erhält man einen anschaulicheren Ausdruck für den komplexen Strahlparameter $q(z)$.

komplexer Parameter q(z):
$$\frac{1}{q(z)}=\frac{1}{R(z)}-\mathrm{j}\frac{\lambda}{\pi w(z)^2} \tag{3.22}$$

Dabei sind $w(z)$ und $R(z)$ wieder der Strahlradius und der Krümmungsradius der Phasenfront, wie in den Gleichungen 2.24 und 2.25 bereits beschrieben.
Im Vergleich zur Beschreibung einer einfachen sphärischen Welle, bei bekannten λ, durch die Amplitude und dem Ort der Quelle, benötigt man zur Beschreibung des Gaußstrahls etwas mehr Parameter: Die maximale Amplitude, die Ausbreitungsrichtung, die Lage der Taille plus einen weiteren Parameter, wie den Taillenradius w_0 oder die Rayleighlänge z_R. Falls der komplexe Parameter $q(z)=z+\mathrm{j}z_R$ bekannt ist, dann ist der Abstand zur Taille z und die Rayleighlänge z_R bekannt und damit der Gaußstrahl auch beschrieben.
Die Parameter $w(z)$, z_R und $R(z)$ lassen sich dabei wie folgt aus dem

komplexen Strahlparameter $q(z)$ ableiten:

$$w(z) = \sqrt{\frac{-2\mathrm{j}\frac{\lambda}{\pi}}{\frac{1}{q} - \frac{1}{q^*}}} \tag{3.23}$$

$$z_R = \mathrm{Im}(q) \tag{3.24}$$

$$R(z) = \frac{2}{\frac{1}{q} + \frac{1}{q^*}} \tag{3.25}$$

Der lineare Zusammenhang von $q(z)$ mit dem axialen Abstand z erlaubt es auf einfache Weise, die Gaußstrahl-Parameter an irgendeiner Stelle zu finden, wenn sie für einen bestimmten Wert z bekannt sind.

3.2.2 Transformation des q-Parameters

Wie zwischen Eingangs- und Ausgangsgrößen in der geometrischen Optik, gilt auch für einen Gaußstrahl ein ähnlicher Zusammenhang zwischen dem q-Parameter in der Eingangsebene und dem q-Parameter in der Ausgangsebene (siehe [2], [9]). In Abbildung 11 wird dieser Zusammenhang graphisch dargestellt.

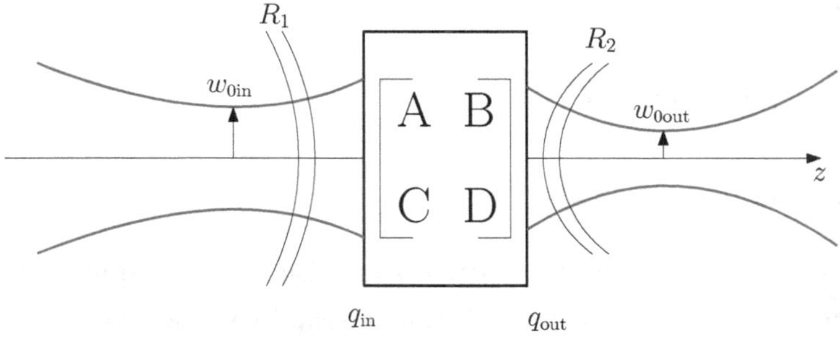

Abbildung 11: Transformation des komplexen Strahlparameters q eines Gaußstrahls an einem beliebigen optischen System

Für die Transformation des komplexen Parameters q gilt folgende Möbius-Transformation:

$$q_{\text{out}} = \frac{\text{A} \cdot q_{\text{in}} + \text{B}}{\text{C} \cdot q_{\text{in}} + \text{D}} \tag{3.26}$$

Dabei sind die Einträge A,B,C,D für die Matrix des optischen Systems dieselben wie im Falle der geometrischen Strahlenoptik. Ist nun der komplexe Parameter q_{out} am Systemausgang bekannt, so können aus diesem die Gaußstrahl-Parameter des transformierten Strahls an irgendeiner Stelle nach dem optischen System bestimmt werden.

Teil II
Empirischer Teil

4 Vorüberlegungen

Um das geplante Divergenz-Messsystem zu realisieren, werden im Vorfeld Betrachtungen über den möglichen Strahlenverlauf nach der Fokussierung durch die Sammellinse gemacht. Den größten Einfluss auf den Strahlengang nach der Linse hat die Sammellinse selbst. Damit der geplante Messbereich eingehalten wird und die Matrizenrechnung realitätsnahe Ergebnisse liefert, ist die Auswahl einer geeigneten Sammellinse äußerst wichtig. Neben der Auswahl einer passenden Linse gehört zu den vorbereitenden Arbeiten das Erstellen von Rechenprogrammen zur Simulation von Strahlenverläufen und zur späteren Auswertung der erzielten Messdaten.

4.1 Linsenauswahl

Die Größe des benötigten Messbereiches von der Linse zum Detektor wird hauptsächlich durch die Gesamtbrennweite der verwendeten Sammellinse entschieden. Wie in Abbildung 12 zu sehen ist, gibt die Brennweite einer Linse den Abstand nach der Linse bis zum Fokuspunkt eines idealerweise parallel eintreffenden Lichtbündels an.

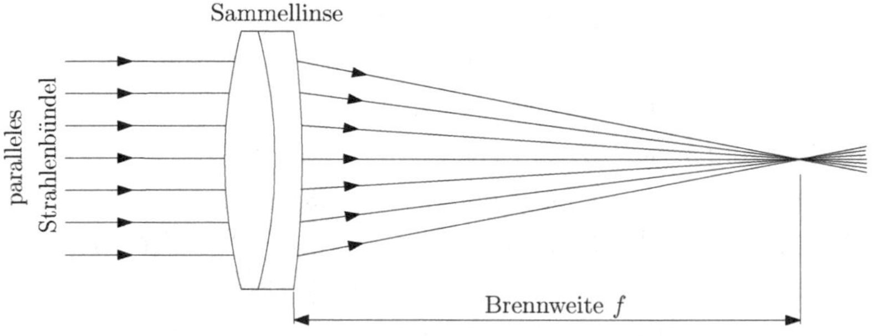

Abbildung 12: Brennweite f einer idealen Sammellinse

Da der hier zu untersuchende Laserstrahl einen sehr geringen Divergenzwinkel aufweist, kann man bei den ersten Abschätzungen von einem parallel eintreffenden Strahlbündel ausgehen. Neben der Lage der Strahltaille spielt die Rayleighlänge des fokussierten Strahls ebenfalls eine Rolle bei der Größe der benötigten Messstrecke (siehe Kapitel 6.1). Die Rayleighlänge wird indirekt auch über die Gesamtbrennweite der Sammellinse festgelegt. Ersten Abschätzungen zufolge soll die Gesamtbrennweite in einem Bereich von 0,8 m bis 1,5 m liegen.
Weitere wichtige Eigenschaften der auszuwählenden Linse sind die Größe, das Gewicht, die Montierbarkeit und vor allem das optische Glas. Bei der Suche nach einem geeigneten optischen Glas für die Sammellinse spielen Brechzahl, Temperaturstabilität, Transmission bei verwendeter Wellenlänge, Verarbeitungsqualität, Laserbeständigkeit, Homogenität und Schlierenfreiheit eine wichtige Rolle. Unter Berücksichtigung all dieser Eigenschaften, die eine Sammellinse aufweist, ist die Wahl auf einen beschichteten Achromaten der Firma Ross Optical Industries gefallen (siehe Anhang A). Es handelt sich dabei um ein Kittglied aus dem Kronglas N-BK7 und dem Flintglas N-SF5

mit einem Durchmesser von 150 mm und einer Gesamtbrennweite von 1,25 m. Das Linsenmaterial ist für eine Transmission im nahen infraroten Spektralbereich geeignet. Um sicher zu stellen, dass mit dieser Linse ein korrekter Messaufbau auf einem ca. 2 m großen Lasertisch möglich wäre, wird der Strahlengang hinter der Linse mit einem dafür geschriebenen MATLAB-Programm simuliert. Die Simulation zeigt, dass bei Verwendung dieser Linse ein von der DIN EN ISO-11146 vorgeschriebener Mindestmessbereich eingehalten wird. Da die Lieferzeit für diesen speziellen Achromaten mehrere Wochen in Anspruch nimmt, werden die ersten Versuchsaufbauten mit einer anderen Sammellinse durchgeführt. Dabei handelt es sich um eine Sammellinse der Firma Thorlabs mit einer Brennweite von 1 m (siehe Anhang A). Diese Linse ist ebenfalls für eine Transmission im nahen infraroten Bereich ausgelegt. Auch hier hat eine MATLAB-Simulation die Eignung für einen normgerechten Messaufbau bestätigt.

4.2 Benötigte Software

Um den Strahlverlauf nach der Sammellinse nachvollziehen zu können, wird ein Simulationsprogramm mit MATLAB erstellt. Dabei werden zuerst alle bekannten Systemdaten in das Programm eingelesen. Wellenlänge λ, Strahlradius an der Taille w_0 und Rayleighlänge z_R werden dabei dem Datenblatt entnommen, bzw. aus alten Messungen herangezogen(siehe [12]). Daraus wird das Strahlprofil $w(z)$ des unfokussierten Laserstrahls vor der Linse berechnet. Mit den ebenfalls an das Programm übergebenen physikalischen Parameter der Sammellinse und der Linsenposition wird die Systemmatrix, welche das optische System beschreibt, berechnet. Das optische System besteht dabei aus der Translation vom Laser zur Sammellinse und durch diese hindurch, sowie aus den Brechungen an den Grenzflächen. Aus dem Strahlprofil vor der Linse und der Systemmatrix wird der komplexe Strahlparameter $q(z_{\mathrm{hl}})$ bestimmt. Dabei ist z_{hl} die Position direkt hinter der Linse. Mit dem komplexen Strahlparameter $q(z_{\mathrm{hl}})$ wird nun das Strahlprofil $w_{\mathrm{neu}}(z)$ des fokussierten Strahls berechnet und in einer Graphik simuliert. Neben diesen Simulationsprogramm wird später nach einer Messwertaufnahme ein weiteres Programm zum Auswerten der aufgenommenen Messdaten benötigt. Für diese Aufgabe wird die Mathematik-Software MathCad verwendet, da hier schon eine ähnliche Fit-Routine zur Verfügung steht. Dabei werden die gemessenen Strahldurchmesser in Abhängigkeit von der z-Position in das Programm eingelesen und daraus eine Fitfunktion ermittelt. Diese hyperbolisch an die gemessenen Strahldurchmesser entlang der z-Achse angepasste Fitkurve wird nach EN ISO 11146 folgendermaßen ausgedrückt:

$$d_{\mathrm{fit}}(z) = \sqrt{a + bz + cz^2} \tag{4.1}$$

Die Anpassung geschieht dabei durch Minimieren der Summe der quadratischen relativen Abweichungen der Durchmesser $F(a, b, c)$. Nun werden aus der ermittelten Fitkurve die Strahlparameter des fokussierten Laserstrahls berechnet. Zur Veranschaulichung wird am Ende des Programms die Fitfunktion, die gemessenen Werte und das ideale Strahlprofil ($M^2 = 1$) in einem Diagramm gegenübergestellt und verglichen.
Um aus den mit MathCad ermittelten Strahlparameter des fokussierten Strahls auf die Parameter des ursprünglichen unfokussierten Strahl zu gelangen, wird ein weiteres Programm benötigt. Da hierfür die Matrixoptik verwendet wird, wird dabei wieder auf MATLAB zurückgegriffen. Ähnlich dem oben erwähnten Simulationsprogramm wird hier wieder der komplexe

Strahlparameter berechnet. Allerdings wird nun der komplexe Parameter des Laserstrahls vor der Linse aus den ermittelten Werten des Strahls nach der Linse berechnet. Dies ist möglich, da der Lichtweg grundsätzlich umkehrbar ist. Da das optische System nun gedanklich rückwärts durchlaufen wird, ändert sich die Abfolge der brechenden Flächen bzw. der Translationen beim Durchgang des Strahls. Bei der Berechnung der Systemmatrix für das optische System aus den Einzelmatrizen ist deren Anordnung zu beachten, weshalb sich hier eine andere Systemmatrix wie im oberen Falle des Simulationsprogramms ergibt. Aus dem berechneten komplexen Strahlparameter des unfokussierten Laserstrahls wird nun der Taillenradius w_0 und die Rayleighlänge z_R bestimmt, woraus sich dann auch der Divergenzwinkel θ ableiten lässt. [3] [5]

5 Verwendete Geräte

5.1 Xenics Xeva-TE3 InGaAs-Kamera

Bei der Xenics Xeva-TE3 handelt es sich um ein Indium-Galliumarsenid-Kompaktkamera-System mit einem integrierten zweistufigen Kühlsystem. Das detektierbare Spektrum von 900 nm bis 1700 nm deckt den nahen infraroten Bereich ab und ist für die Detektion des Laserlichtes bei 1535 nm gut geeignet. Die aktive Detektorfläche besteht aus 320 x 256 Pixel (Focal-Plane-Array), wobei die Größe eines Pixels 30 x 30 μm^2 beträgt. Die Integrationszeit lässt sich in einem Bereich zwischen 1 µs und 100 s frei einstellen. Das Signal-Rausch-Verhältnis hängt vom verwendeten Modus ab (High Gain Mode 1000:1 bzw. Low Gain Mode 1700:1) und verschlechtert sich mit längeren Belichtungszeiten. Wie in Abbildung 13 zu sehen ist, ist das Ansprechvermögen (Verhältnis von elektrischen Output zu eingestrahlten Licht) der Kamera wellenlängenabhängig.

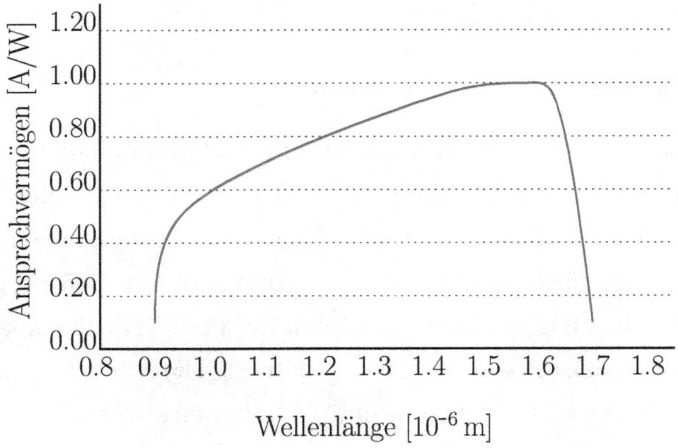

Abbildung 13: Ansprechvermögen $[\frac{A}{W}]$ der Xenics Xeva-TE3 InGaAs-Kamera in Abhängigkeit von der auftreffenden Wellenlänge

5.2 DAT-WinCamD-UCD23-IR-Kamera

Das WinCamD-UCD23-IR-System ist ein Standardsystem für die Laserstrahlanalyse im nahen infraroten Spektralbereich mit einer kompakten, hochauflösenden 14-Bit-CCD-Digitalkamera. Der „Beam Profiler“ besitzt einen 1,4 Megapixel CCD-Chip mit $6{,}45 \times 6{,}45\,\mu m^2$ Pixelgröße und $8{,}8 \times 6{,}7\,mm^2$ (2/3 Zoll) aktiver Fläche. Diese CCD-Version des WinCamD-UCD23-Systems wird hauptsächlich eingesetzt zur Vermessung kleiner Strahldurchmesser und aufgrund des niedrigen Rauschens bei allen Anwendungen mit einem schwachen optischen Signal und sollte somit für die hier durchzuführende Messaufgabe geeignet sein. Der Empfindlichkeitsbereich der Kamera liegt zwischen 1480 nm und 1680 nm. Zusätzlich wird eine IR-Vorsatzoptik, im Bereich um 1550 nm verwendet. Die Belichtungszeit ist zwischen 40 µs und 1024 ms und der aktive Bereich zwischen 16 x 16 bis

1392 x 1024 Pixel frei einstellbar. Zum Betrieb der Kamera ist keine externe Spannungsversorgung erforderlich.

5.3 Newport Powermeter

Bei der Divergenzmessung mittels Schneidenmethode ist eine Leistungsmessung in Abhängigkeit von der Schneidenposition notwendig (siehe Kapitel 6.4). Zum Messen der optischen Leistung wird das mikroprozessorgesteuerte 842-PE-hand-held-optical-meter eingesetzt. Es ist ein Messgerät für optische Energie bzw. optische Leistung und bietet eine Vielzahl von Optionen mit einer benutzerfreundlichen Bedienumgebung. Im internen Speicher können bis zu 50000 Datenpunkte gespeichert werden.

5.4 Positioniersystem Attocube

Für geringe, aber sehr genaue und positionstreue Verfahrwege wird das Positioniersystem „Attocube ECS5050“ verwendet. Es handelt sich um einen 50 x 50 mm^2 großen Verfahrtisch, welcher über mehrere Piezomotoren angetrieben wird. Der Verfahrbereich erstreckt sich über 30 mm. Der Tisch wird über eine Software angesteuert und kann eine Position auf 25 nm genau anfahren.

5.5 Sammellinse

Bei der in der Vorbereitung ausgewählten Sammellinse handelt es sich um einen Achromaten der Firma Ross Optical Industries (Anhang A). Es ist ein Kittglied aus dem Kronglas N-BK7 und dem Flintglas N-SF5 (Bezeichnungen der Firma Schott AG). Mit einem Durchmesser von 150 mm ist es eine ausreichend große Linse für den vorgesehenen Verwendungszweck, da der

Durchmesser des Lasers beim Auftreffen auf die Linse etwa 5 mm beträgt und somit die Bedingung Durchmesser-Laser $<<$ Durchmesser-Linse erfüllt ist. Die effektive Brennweite der Linse beträgt im nahen infraroten Spektralbereich 1250 mm und ist somit für den Aufbau am Lasertisch gut geeignet. Da die Lieferzeit für diese spezielle Linse mehrere Wochen beträgt, wurde für die ersten Versuche eine andere Linse mit kürzerer Lieferzeit gewählt. Bei dieser Ersatzlinse handelt es sich um eine einfache Sammellinse der Firma Thorlabs (Anhang A). Diese Linse hat einen Durchmesser von zwei Zoll und eine Brennweite im nahen infraroten Spektralbereich von 1000 mm und ist somit ebenfalls für erste Versuche am Lasertisch geeignet.

5.6 Drehspiegel

Der Hochgeschwindigkeitsdrehspiegel OS-9263B von Conatex besteht aus einer Spiegeleinheit mit Motor und einem Steuergerät zur Drehzahlregelung mit digitaler Drehzahlanzeige. Der Spiegel besitzt eine Ebenheit von $\frac{\lambda}{4}$ und ist auf Hochgeschwindigkeits-Kugellagern montiert. Der Antrieb erfolgt mit einem Elektromotor über einen Riemen. Mit dem Steuergerät lässt sich die Drehzahl zwischen 750 und 1500 Umdrehungen pro Sekunde umschalten. Für die optimale Ausrichtung im Messaufbau lässt sich der Spiegel mit einer Klemmschraube in der Basis fixieren.

6 Methoden

Einen realen Messaufbau zur genauen Bestimmung des Divergenzwinkels θ stellt eine große Herausforderung dar. Es gibt dabei theoretisch verschiedene Ansätze und Möglichkeiten, die Parameter der Strahlaufweitung zu ermitteln. Die Hauptaufgabe bestand deshalb darin, diese verschiedenen Herangehensweisen durch Messaufbauten zu testen und zu vergleichen. Zur Messung des Divergenzwinkels und anderer Laserparameter sind bereits fertige Beam-Profiler-Systeme[2], welche von Firmen wie beispielsweise „Laser 2000“ angeboten werden, auf dem Markt erhältlich. Diese Systeme sind allerdings nicht für so niedrig divergente Laser, welche hier vermessen werden sollen, ausgelegt. Das liegt daran, dass diese Profiler mit einem in z-Richtung verfahrbaren Detektor mit passender Optik, dem sogenannten M^2-Stage, arbeiten. Bei der Messung wird diese Stage im Bereich der Strahltaille positioniert und durch das Verfahren der Optik in diesem Bereich werden die für die Bestimmung der Parameter nach ISO-Norm notwendigen Messungen vor und hinter der Taille aufgenommen. Allerdings haben solche Standardsysteme einen für diesen Laser viel zu kleinen Verfahrweg von ca. 6 cm. Der hier zu vermessende Er:Glass-Laser ist sehr gut kollimiert, weshalb sich seine Taille erst ca. 7 m hinter der Laseröffnung befindet und seine Rayleighlänge etwa 9 m beträgt. Somit ist es nicht möglich, mit einem solchen Standard-M^2-Stage-Messsystem die nötigen Messpunkte in den entsprechenden Entfernungen aufzunehmen. Da solche fertigen Standard-Setups wie eben dargelegt nicht verwendet werden können, müssen alternative Wege zur Bestimmung des Divergenzwinkels gefunden werden. Wie

[2]http://www.laser2000.de/Photonics/Optische-Messtechnik/Strahldiagnostik/M2-Messsysteme/M2-Option-fuer-die-Beam-Profiler-WinCamD-von-DataRay.html

bereits oben beschrieben soll dabei der notwendige Messbereich durch das Verwenden einer Sammellinse, welche zu einer Vergrößerung des Divergenzwinkels führt, verringert werden. (Selbst für den fokussierten Strahl wäre der Verfahrweg der Standard-M^2-Stage-Systeme noch zu gering). Die Hauptmessaufgabe besteht jetzt darin, mit einem oder mehreren Detektoren den Strahldurchmesser des fokussierten Laserstrahls an verschiedenen Entfernungen zu ermitteln. Hier werden unterschiedliche Methoden mit drei verschiedenen Messprinzipien getestet. Der Strahldurchmesser an einer bestimmten Position wird entweder direkt mit einer Kamera gemessen, oder mit der in der ISO 11146 (siehe 6.1) beschriebenen Schneidenmethode ermittelt. Eine weitere Methode zur Durchmesserbestimmung wird mit einem speziellen Drehspiegelaufbau getestet. Bei allen Aufbauten kann es aufgrund der Beschaffenheit der Systembestandteile und deren eventuellen Veränderungen durch den Leistungseintrag der Laserstrahlung zu Verfälschungen des Ergebnisses kommen. Um am Ende die optimalste Kombination aus Detektor und Messmethode, mit der geringsten Verfälschung des Ergebnisses, zu ermitteln, müssen die verschiedenen Aufbauten experimentell untersucht und die Ergebnisse mit den Herstellerangaben oder mit den Ergebnissen aus bereits durchgeführten Messungen verglichen werden. Aus dem Datenblatt des Herstellers geht hervor, dass die darin angegebenen Laserparameter der EN ISO 11146 entsprechen. Es sind allerdings keine Informationen gegeben, mit welchem Verfahren diese Werte bestimmt worden sind und wie zuverlässig diese Werte sind. Auch nach Rücksprache mit dem Hersteller konnte das nicht in Erfahrung gebracht werden. Das erschwert den Vergleich der Ergebnisse, da eine gewisse Abweichung von den Angaben im Datenblatt zu erwarten sind. Bei der Kameramessung und bei der

Schneidenmethode vergleicht man die Ergebnisse besser mit den Resultaten der alten Messungen, welche noch in dem ca. 100 m langen Tunnel durchgeführt wurden. Bei diesen Messungen ist die Methode der Messwertaufnahme, die Auswertung und sämtliche Einstellung genaustens dokumentiert und somit zum Vergleich besser geeignet.

6.1 EN ISO 11146

Die EN ISO 11146 ist eine europäische Norm, welche vom CEN/TC „Laser und Geräte, die in Verbindung mit Lasern verwendet werden“ aus der Arbeit des ISO/TC 172/SC 9 „Elektrooptische Systeme“ übernommen wurde. Der vollständige Titel der EN ISO 11146 lautet „Laser und Laseranlagen-Prüfverfahren für Laserstrahlabmessungen, Divergenzwinkel und Beugungsmaßzahlen“. Es werden darin sowohl die theoretische Beschreibung der Charakterisierung und Ausbreitung von Laserstrahlen, als auch deren Klassifizierung in ISO/TR 11146-3 erläutert. Die Vorgehensweise zur normgerechten Divergenzmessung des Laserstrahls, welche bei dieser Arbeit angewandt wird, ist im Kapitel 9 „Kombinierte Bestimmung von Taillenlagen, Strahlabmessungen, Divergenzwinkel und Beugungsmaßzahlen“ beschrieben. In diesem Kapitel wird speziell darauf hingewiesen, dass bei der Bestimmung der einzelnen Parameter nach diesem Verfahren darauf zu achten ist, dass die resultierenden Messergebnisse nicht mit der üblichen Methode der „Summe der kleinsten absoluten Fehlerquadrate“, sondern mit der Methode der „Summe der kleinsten **relativen** Fehlerquadrate“ gewonnen werden. Wird mit der Methode der kleinsten absoluten Fehlerquadrate gerechnet, werden die Fehler bei größeren Abständen von der Taille zu stark gewichtet. Dadurch werden die gefitteten Ergebnisse im Taillenbereich zu ungenau. Die

Fit-Funktion $d_{\text{fit}}(z)$ soll ein Polynom zweiten Grades mit den Koeffizienten a, b und c sein. Sind die Koeffizienten a, b und c mit der eben erwähnten Methode der kleinsten relativen Fehlerquadrate bestimmt worden, so können aus diesen Koeffizienten mit den folgenden Formeln die Lage der Taille z_0, der Taillendurchmesser d_0, der Divergenzvollwinkel θ, die Rayleighlänge z_R und der Gütefaktor M^2 ermittelt werden.

$$d_{\text{fit}}(z) = \sqrt{a + bz + cz^2} \tag{6.1}$$

$$z_0 = \frac{-b}{2c} \tag{6.2}$$

$$d_0 = \frac{1}{2\sqrt{c}}\sqrt{4ac - b^2} \tag{6.3}$$

$$\theta = \sqrt{c} \tag{6.4}$$

$$z_R = \frac{1}{2c}\sqrt{4ac - b^2} \tag{6.5}$$

$$M^2 = \frac{\pi}{8\lambda}\sqrt{4ac - b^2} \tag{6.6}$$

Die Anwendung dieser Formeln setzt voraus, dass die Fitkurve $d_{\text{fit}}(z)$ möglichst genau dem realen Strahlenprofil entspricht. Um die angepasste Funktion möglichst genau zu bestimmen, ist darauf zu achten, dass genügend Messungen des Strahldurchmessers entlang des Laserstrahls an den richtigen Positionen durchgeführt werden. In der Norm wird eine Mindestanforderung für die Anzahl und die Positionen der Messungen gestellt. Laut EN ISO 11146

müssen mindestens zehn Messungen des Strahldurchmessers durchgeführt werden. Die Hälfte der Messwerte sollte dabei in einem Bereich innerhalb der Rayleighlänge auf beiden Seiten der Strahltaille aufgenommen werden. Die restlichen Messungen sollten in einer Entfernung von mehr als zwei Rayleighlängen von der Strahltaille durchgeführt werden.
Die Vorgehensweise bei der Durchmesserbestimmung mit der im Kapitel 6.4 erläuterten Schneidenmethode wird im Teil 3 der EN ISO 11146 „Intrinsische und geometrische Laserstrahlklassifizierung und Propagation sowie Details der Prüfverfahren“ beschrieben. [5]

6.2 Messung mit Xenics InGaAs-Kamera

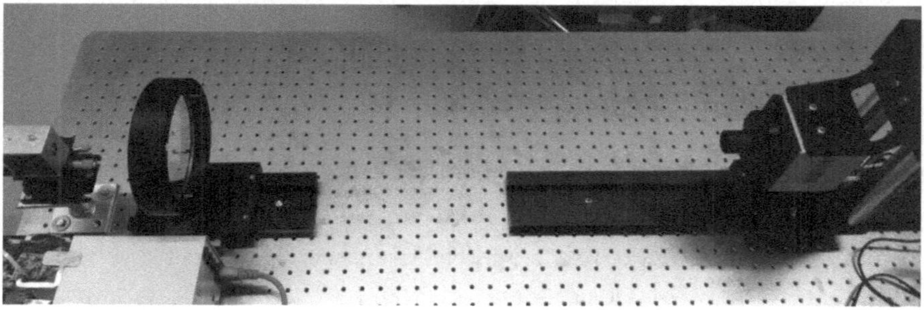

Abbildung 14: Messung mit der Xenics InGaAs-Kamera

Beim ersten Versuchsaufbau zur Messung des Divergenzwinkels des Er:Glass-Lasers mithilfe der Matrizenoptik soll zur Laserstrahldetektion eine gekühlte Indium-Galliumarsenid-Kompaktkamera verwendet werden. Mit dieser Kamera von Xenics sind bereits früher Messungen des Divergenzwinkels dieses Er:Glass-Lasers im Medienkanal der Technischen Hochschule Deggendorf durchgeführt worden. Bei diesen Messungen aus dem Jahr 2015 wurde die Methode der Matrizenoptik noch nicht verwendet und es war somit der Medienkanal mit einer Länge von ca. 100 m notwendig. Ziel des hier betrachteten Messaufbaus ist es, Ergebnisse für den Divergenzwinkel zu erhalten, welche den Ergebnissen der älteren Tunnelmessungen entsprechen. Außerdem erhofft man sich neben dem geringeren Platzbedarf eine einfachere Justage, weniger Störungen bei der Durchführung der Messung und vor allem eine kürzere Zeitdauer für die Erhebung der Messdaten. Sollte der Versuch erfolgreich sein und die erwarteten Ergebnisse eintreffen, so ist später vielleicht auch eine Automatisierung durch motorisierte Verstellung der Detektorposition möglich. Dabei würde die Steuerung der kompletten Messaufgabe durch eine benutzerfreundliche Bediensoftware geschehen. Für eine solche Aufgabe würde sich das graphische Programmiersystem LabView der Firma National Instruments besonders gut eignen.

6.2.1 Messaufbau

Um den geplanten Messaufbau auf einem ca. 2 m großen Lasertisch konzipieren zu können, muss man sich im Vorfeld Gedanken über das notwendige mechanische, optische und elektronische Equipment machen. Für die Energieversorgung des Lasers wird ein Netzteil von dataTec GmbH (EA-PS 3032-10 B) verwendet. Der Laser soll mit einer Spannung von 3 V und einem Strom von 150 mA betrieben werden. Die Ansteuerung des Lasers geschieht über eine eigens für den Testbetrieb des Er:Glass-Lasermoduls entworfene Steuerplatine.

Das Lasermodul wird an einer Halterung montiert, welche ein Ausrichten der optischen Achse durch Verkippen in horizontaler und vertikaler Richtung erlaubt. Der Abstand der Sammellinse zum Lasermodul wird einmal

eingestellt und bleibt dann für alle Messungen konstant. Zur Ausrichtung des Detektorchips zum Laserstrahl ist das Kamerasystem höhenverstellbar aufgebaut. Die Kamera ist über einen Schlitten auf einer Schiene in z-Richtung verschiebbar.
Zum Betreiben der Kamera wird eine Stromversorgung und eine Verbindung zu einem Computer, welcher die Bediensoftware der Xenics Xeva-TE3 InGaAs-Kamera enthält, benötigt.
Der eben beschriebene Messaufbau ist in Abbildung 15 schematisch dargestellt.

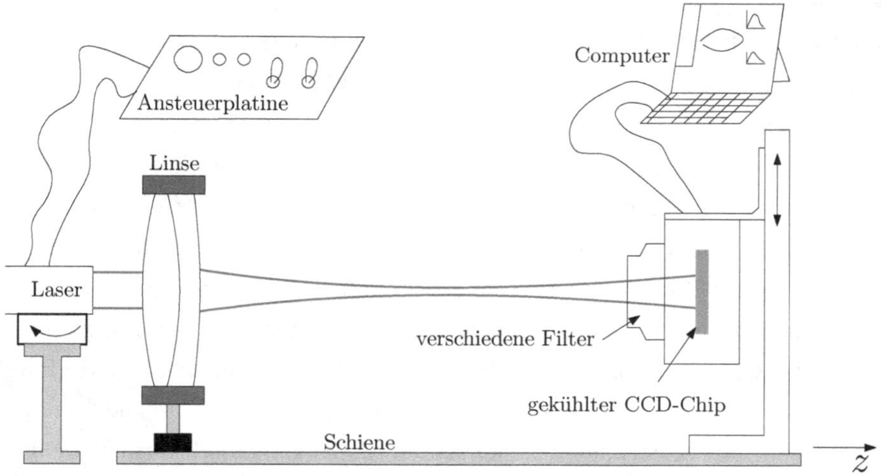

Abbildung 15: Schematischer Aufbau der Messung mit Xenics InGaAs-Kamera

6.2.2 Software und Signaldetektion

Um das Xenics Xeva-TE3 InGaAs-Kamerasystem zu bedienen und Einstellungen vorzunehmen, wird das mitgelieferte Programm „Mr. Beam"

verwendet. Diese Software wurde vom Laser-Laboratorium-Göttingen speziell für die Messung von Laserstrahlung mit der Xenics InGaAs-Kamera entwickelt. Mit diesem Programm kann die Intensitätsverteilung gemessen und daraus der Strahldurchmesser bestimmt werden.
Da bei der Bestimmung des Strahldurchmessers mit der Software „Mr. Beam" davon ausgegangen wird, dass die Intensität des Laserstrahls in der x,y-Ebene mit e^{-2} nach außen radialsymmetrisch abnimmt, ist bei der Intensitätsmessung mit der Xenics-Kamera darauf zu achten, dass das dargestellte Signal möglichst gaußförmig ist. Außerdem ist es für eine akkurate Messung wichtig, dass die Kamera im linearen Bereich arbeitet und nicht übersteuert. Um ein Signal zu erhalten, welches nicht zu schwach ist (Abbildung 16), aber auch nicht zur Übersteuerung führt (Abbildung 17), können am Setup der Mess-Software (Mr. Beam) die Belichtungszeit, die Verstärkung und die verwendete Filterung variiert werden. Für ein verwertbares Messergebnis sollten diese Einstellungen über die gesamte Messstrecke konstant gehalten werden. Es ist dabei aber zu beachten, dass die Signalintensität mit dem Quadrat der Entfernung in z-Richtung abnimmt. Betrachtet man in den Abbildungen 16 und 17 die horizontal gemessene Intensitätsverteilung (Horizontal Cross Section) sowie die vertikal gemessene Intensitätsverteilung (Vertical Cross Section), so erkennt man, dass sowohl sehr schwache Signale als auch sehr starke Signale keine korrekten Messergebnisse liefern. Bei einem schwachen Signal kann das Signal-Rausch-Verhältnis sehr schlecht werden, wodurch sich der Strahldurchmesser nicht eindeutig bestimmen lässt. Ist das Signal dagegen sehr stark, so fallen zu viele Photonen auf den Sensor, wodurch einzelne Pixel des Detektor-Chips gesättigt werden. Dies erkennt man daran, dass die Kurve des Intensitätssignals oben platt gedrückt ist. Da

die Messstrecke bei dem hier betrachteten Messsystem mit ca. 0,7 m relativ kurz ist, sind die Intensitätsunterschiede an den verschiedene Messpositionen nicht sehr groß. Es ist somit möglich, mit konstantem Setup und ohne Veränderung der optischen Filterung (siehe Kapitel 6.2.3) ein verwertbares Signal über den kompletten Messbereich zu erhalten. Neben den passenden Kamera-Einstellungen wird zur besseren Messung eine Hintergrundkorrektur (Background Correction) durch die Software vorgenommen. Durch die Hintergrundkorrektur wird das Umgebungslicht von der Intensitätsmessung abgezogen. In Abbildung 18 sieht man ein gutes Signal bei eingeschalteter Hintergrundkorrektur.

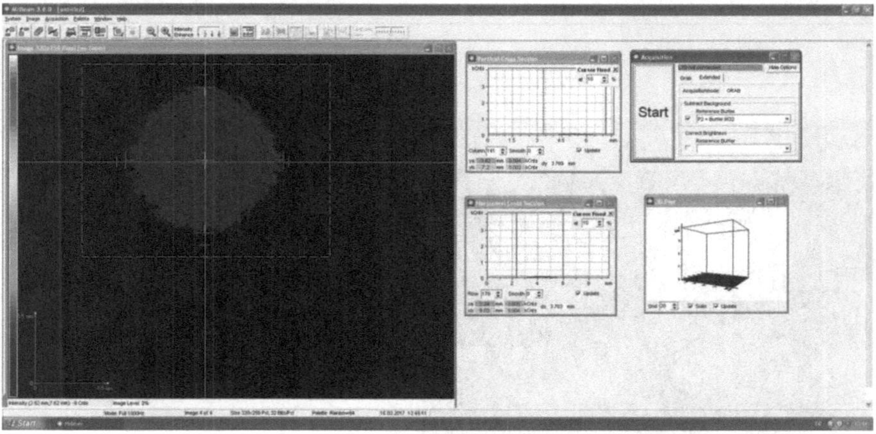

Abbildung 16: zu schwaches Signal

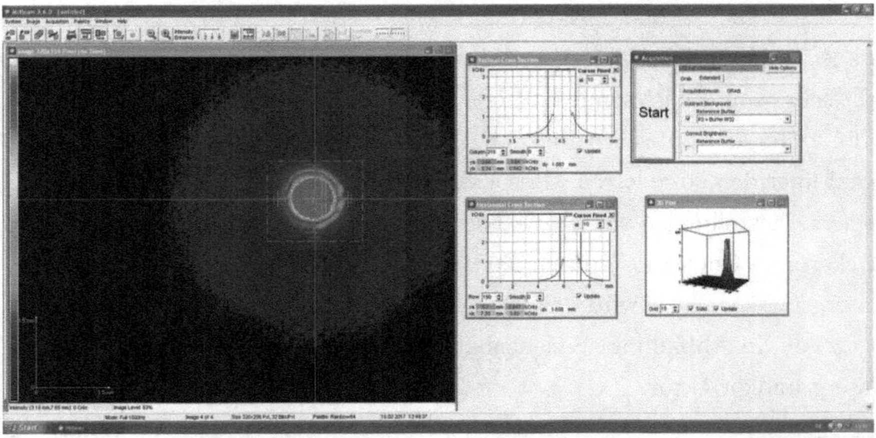

Abbildung 17: zu starkes Signal

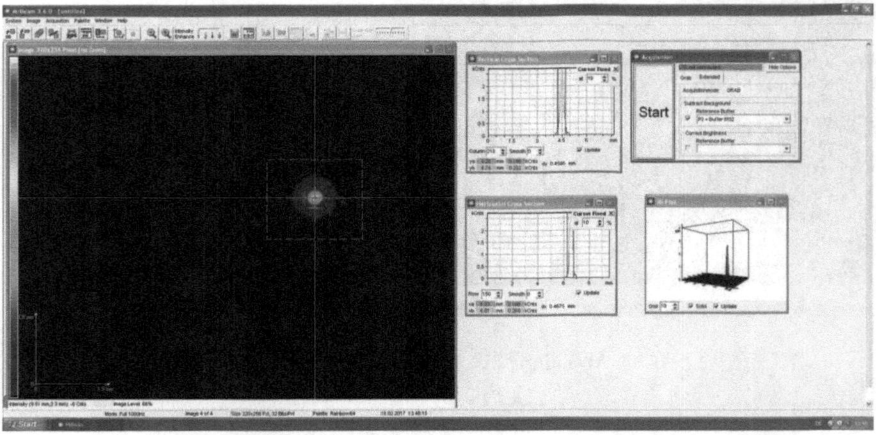

Abbildung 18: gutes Signal

6.2.3 Lichtabschwächung

Vor allem bei der Messung an einer Position im Bereich der Strahltaille kann es sein, dass eine Abschwächung des Signals erforderlich wird. Da hier im Laserstrahl eine sehr hohe Leistung auf eine nur sehr kleine Fläche verteilt ist, würden einzelne Pixel des Sensors übersteuert werden. Um eine Übersteuerung zu verhindern, wird die Intensität des Laserstrahls gleichmäßig mit sogenannten Neutraldichtefiltern (ND-Filter) reduziert.
Erste Vorversuche zeigten sehr schnell, dass sich für eine korrekte Messung mit den gewählten Kamera-Einstellungen eine Filterkombination aus ND2 und ND4, entsprechend 1 % und 0,01 % Durchlässigkeit, am besten eignet. Aus dieser Kombination ergibt sich eine Gesamtdurchlässigkeit von $0{,}01 \cdot 0{,}0001 = 0{,}000001 = 0{,}0001\,\%$. Das heißt, dass nur 0,0001 % der Intensität vor dem Filtersystem hinter den Filtern gemessen wird.

6.2.4 Durchführung der Messung

Da die Intensität des verwendeten Er:Glass-Lasers vergleichsweise gering ist und weil die Linse des Auges den Strahl aufgrund seiner Wellenlänge ($\lambda = 1535\,\text{nm}$) nicht fokussieren kann, wird der Laser als augensicher eingestuft. Allerdings wird der Strahl bei der hier aufgebauten Messvorrichtung durch die Sammellinse fokussiert, wodurch sich die Intensität des Laserstrahls in der Nähe des Fokuspunktes stark erhöht. Passende Laserschutzbrillen für die vom Laser emittierte Wellenlänge sind zu tragen. Wenn der Laser läuft, die Kamera eingeschaltet ist und die Software in Betrieb ist, erfolgt die Feinjustage der mechanischen und optischen Komponenten und die Anpassung der Kamera-Einstellungen über die komplette Messstrecke.
Zuerst wird bei ausgeschaltetem Laser eine Intensitätsmessung mit der

Xenics-Kamera durchgeführt und das Messergebnis als „Buffer“ abgespeichert. Die über die Detektorfläche gemessene Intensität bei ausgeschaltetem Laser wird nun von der Software bei allen weiteren Messungen abgezogen. Mit dieser Hintergrundkorrektur vermindert man die Einflüsse des Umgebungslichtes auf die Messergebnisse. Um sicher zu stellen, dass am Messaufbau nichts verändert wird und sich die Umgebungsbedingungen während der Messwertaufnahme nicht stark ändern, sollte die Durchmesserbestimmung an allen Positionen nacheinander und ohne Pausen oder Verweilzeiten durchgeführt werden. Laut Norm muss die Durchmesserbestimmung des Laserstrahls an mindestens 10 Stellen erfolgen. Allerdings ist es besser, den Durchmesser an mindestens 20 Positionen zu bestimmen, um somit eine genauere Fitkurve für das Strahlprofil zu erhalten. Es wird für jede Position der Abstand von der Mitte der Sammellinse bis zur Detektorfläche des Kamerasystems gemessen. Um den Einfluss von möglichen Messfehlern gering zu halten, werden an jeder Position 5 Aufnahmen gemacht.

6.2.5 Auswertung der Messdaten

Die gewonnenen Messdaten werden in eine Excel-Tabelle eingefügt und das arithmetische Mittel aus den 5 Messwerten pro Position berechnet. Um den Durchmesser des Laserstrahls aus den horizontalen und vertikalen Signalabmessungen zu erhalten, wird daraus ebenfalls das arithmetische Mittel gezogen. Diese Tabelle, welche die Abstände von der Sammellinse zur Detektorfläche und die dazugehörigen Werte der Strahldurchmesser enthält, wird nun in das Auswerteprogramm von MathCad eingelesen.

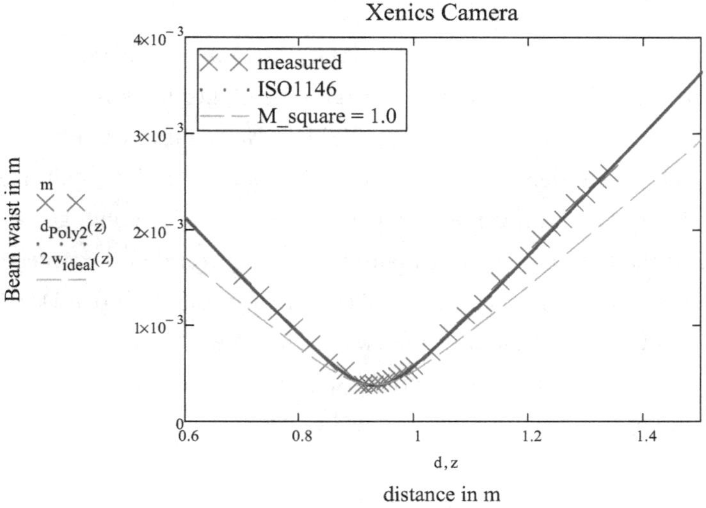

Abbildung 19: Vergleich der gemessenen Werte (rote Kreuze) und der daraus gewonnenen Fitkurve (blau) mit einem idealen Strahlprofil (grün gestrichelt)

Wie in Kapitel 4.2 beschrieben, wird aus diesen Messdaten eine Fitkurve für das Strahlprofil $d_{\text{fit}}(z)$ berechnet und daraus die gewünschten Parameter gewonnen. Außerdem werden hier die erhaltenen Messwerte zum ersten mal anschaulich in einer Graphik dargestellt. Diese Strahlparameter des fokussierten Laserstrahls werden nun in das MATLAB-Programm übergeben. Hier wird mittels Matrizenoptik auf die Parameter des ursprünglichen Laserstrahls zurückgerechnet. Aus den Werten für den Taillenradius w_0 und der Rayleighlänge z_R wird der Divergenzwinkel θ bestimmt. Der Wert des Divergenzwinkels wird mit den Angaben aus dem Datenblatt und mit den Ergebnissen der Messungen aus dem Jahr 2015 [12] verglichen. [5]

6.3 Messung mit WinCamD

Die Divergenzmessung mit der Xenics InGaAs-Kamera, wie sie in Kapitel 6.2 beschrieben ist, liefert zwar plausible Ergebnisse, allerdings ist es fraglich, ob für diese Messaufgabe ein zweistufig gekühltes Kamerasystem überhaupt notwendig ist. Wenn der hier konzipierte Divergenzmessplatz später einmal für industrielle Anwendungen genutzt wird, so ist eine Erhöhung der Wirtschaftlichkeit durch eine optimale Anpassung von den bereitgestellten Eigenschaften der Kamera zu den benötigten Eigenschaften des Detektors durchaus wichtig. Aus diesem Grund wird ein Messaufbau mit einem günstigeren Kamerasystem getestet. Es wird ein Standardsystem zur Laserstrahlanalyse im nahen infraroten Spektralbereich mit einer kompakten hochauflösenden CCD-Digitalkamera verwendet. Dieses WinCamD-Kamerasystem ist um den Faktor 5 bis 10 günstiger als das gekühlte InGaAs-System von Xenics.
Bei dieser Methode unterscheidet sich der Messaufbau nicht sehr stark von dem Aufbau mit der Xenics-Kamera. Der Laser und die Sammellinse sind dabei komplett identisch aufgestellt, nur das Kamerasystem wird ausgetauscht.
Um das WinCamD-Kamerasystem zu bedienen und Einstellungen vorzunehmen, wird die mitgelieferte Software verwendet. Mit dieser Software wird die Intensitätsverteilung auf dem Detektor-Chip gemessen und daraus der Strahldurchmesser bestimmt. Auch hier ist wieder darauf zu achten, dass die Kamera im linearen Bereich arbeitet. Um ein möglichst gaußförmiges Signal zu erhalten, welches weder zu schwach ist noch zu stark ist und zur Übersteuerung führt, können Einstellungen am Software-Setup an die Messaufgabe angepasst werden. Bei den ersten Vorversuchen stellte sich

heraus, dass es bei dem hier verwendeten Er:Glass-Laser nicht möglich ist, mit konstanten Einstellungen ohne Veränderung der optischen Filterung ein brauchbares Signal über die komplette Messstrecke zu erhalten. Um an jeder Messposition ein passendes gaußförmiges Signal zu erhalten, wird mit einer variablen Lichtabschwächung gearbeitet. Es wird ein Graukeil verwendet, womit sich eine optische Filterung im Bereich von ND0 bis ND4 stufenlos einstellen lässt. Zusätzlich dazu wird vor dem Detektor-Chip ein Interferenzfilter, welcher in einem Wellenlängenbereich um 1535 nm arbeitet, eingesetzt, um den Einfluss von elektromagnetischer Strahlung eines anderen Wellenlängenbereichs zu minimieren.
Wenn man die Filterwirkung des Graukeils sowie das Kamera-Setup mit Belichtungszeit, Gain und Trigger-Einstellung für jede Messposition anpasst, so erhält man eine gaußförmige Intensitätsverteilung über den gesamten Messbereich. Diese Anpassung der Einstellungen nimmt einen erheblichen Zeitaufwand in Anspruch. Um den Einfluss von einzelnen Messfehlern zu minimieren, werden an jeder Position 5 Aufnahmen der Intensitätsverteilung erstellt, woraus das arithmetische Mittel gezogen wird und daraus der Durchmesser des Laserstrahl bestimmt wird. Während der Durchführung der Messung ist bereits aufgefallen, dass die absolut gemessene Intensität sehr stark vom Kamera-Setup abhängt. Da aber die Einstellungen an jeder Messposition verändert werden müssen, ergibt sich später bei der Berechnung der Fitkurve ein unrealistisches Strahlprofil. Bei der Ermittlung der Strahlparameter aus der Fitkurve wurde ein Gütefaktor des fokussierten Laserstrahls von $M^2 = 0{,}6$ berechnet. Da ein Gütefaktor $M^2 < 1$ aufgrund der Lichtbeugung nicht möglich ist, ist sicher, dass das gemessene Strahlprofil nicht der Realität entspricht. Das Messergebnis ist falsch.

Grund für das falsche Messergebnis ist die große Abhängigkeit von den Kamera-Einstellungen. Es wurde eine weitere Versuchs-Messreihe durchgeführt, bei dem die Einstellmöglichkeiten der Kamera um eine Variable verringert wurden, indem der externe Triggereingang der Kamera genutzt wurde. Damit eine Aufnahme immer genau dann auslöst, wenn ein Laserpuls ankommt, muss die Kamera genau durch diesen Puls getriggert werden. Bei der Umsetzung wurde ein Photodetektor am Ausgang des Lasermoduls positioniert, um die ausgesendeten Laserpulse erfassen zu können. Immer wenn der Laser einen Puls aussendet, liefert der Photodetektor ein Signal, welches aufbereitet wird und dann zur Triggerung in die WinCamD eingespeist wird. Bei den ersten Messungen mit diesem Aufbau hat sich herausgestellt, dass sich durch diese Einkopplung des externen Signals auch andere Gegebenheiten verändert haben. Durch das Triggern mit dem Laserpuls ist eine Verkürzung der Belichtungszeit ohne Verringerung der Signalqualität möglich. Mit der kürzeren Belichtungszeit ist ein größerer Einstellbereich für den Gain möglich. Allerdings ist der Dynamikbereich der Kamera immer noch zu gering. Trotz diesen Optimierungen am Messsystem ist eine Variation der optischen Lichtabschwächung über die gesamte Messstrecke unumgänglich. Um ein gaußförmiges Signal zu erhalten, müssen weiterhin die Kamera-Einstellungen an jeder Messposition angepasst werden, was aufgrund der großen Abhängigkeit der Messwerte vom Setup zu einem falschen Messergebnis führt. Da mit dem DAT-WinCamD-UCD23-IR-Detektorsystem auch nach Optimierung des Messaufbaus keine sinnvollen Ergebnisse erzielt wurden, wird diese Methode vorerst nicht mehr verfolgt.

6.4 Schneidenmethode

Bei diesem Versuchsaufbau zur Messung des Divergenzwinkels des Laserstrahls wird zur Strahldetektion die sogenannte Schneidenmethode verwendet (siehe dazu [5], [3], [10]). Die Vorgehensweise bei der Messung mit der Schneidenmethode, oder auch „Moving Knife-Edge-Methode“ genannt, unterscheidet sich erheblich von den in den Kapiteln 6.2 und 6.3 beschriebenen Methoden und ist in der EN ISO 11146 im Abschnitt 3 aufgeführt. Es wird zwar weiterhin der Strahldurchmesser an den verschiedenen z-Positionen bestimmt und daraus eine Ausgleichskurve des Strahlprofils berechnet, woraus sich dann die Strahlparameter ableiten lassen, aber die Messung des Strahldurchmessers an einer z-Position geschieht auf eine unterschiedliche Art und Weise. Im Gegensatz zu den beiden oben aufgeführten Methoden wird hier nicht ein Intensitätsprofil in der x-y-Ebene gemessen und daraus der Strahldurchmesser bestimmt, stattdessen wird die optische Leistung, welche sich mit dem Laserstrahl ausbreitet, gemessen. Um den Strahldurchmesser bestimmen zu können, muss die Verteilung der Leistung im Strahlquerschnitt bekannt sein. Zur Bestimmung der Leistungsverteilung im Laserstrahl wird dieser schrittweise immer mehr abgeschattet und die transmittierte optische Leistung in Abhängigkeit vom Abschattungsgrad gemessen.

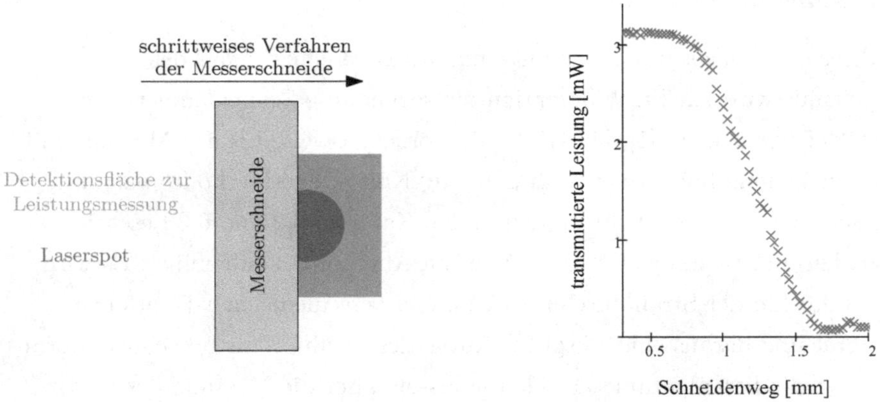

Abbildung 20: *links:* Schrittweises Einfahren der Messerschneide quer zum Laserspot *rechts:* das daraus gewonnenen Transmissionsprofil der optischen Leistung

Diese Abschattung geschieht mit einer sehr spitz zulaufenden Messerschneide, woher die Methode auch ihren Namen bekommen hat. Der Laserstrahl wird also durch die Messerschneide quer zu seiner Ausbreitungsrichtung „abgeschnitten" und die transmittierte Leistung unter Berücksichtigung der verschiedenen Schneidenpositionen gemessen, woraus dann ein Transmissionsprofil erstellt werden kann.
Wie bereits in den theoretischen Grundlagen (siehe Kapitel 2) erklärt, ist der Strahldurchmesser so definiert, dass dabei die Intensität auf das e^{-2}-fache der Maximalintensität, welche im Strahlmittelpunkt gemessen werden kann, gefallen ist. Allerdings wird bei der Schneidenmethode keine Intensitätsverteilung, sondern ein Transmissionsprofil der optischen Leistung gemessen. Bei solchen Transmissionsprofilen ist der Radius des Laserspots (also der halbe Durchmesser) definiert als die Strecke, bei der die transmittierte Leistung von 84,1 % auf 15,9 % gesunken ist. Diese Werte lassen

sich aus dem über die Intensität definierten Strahldurchmesser herleiten.

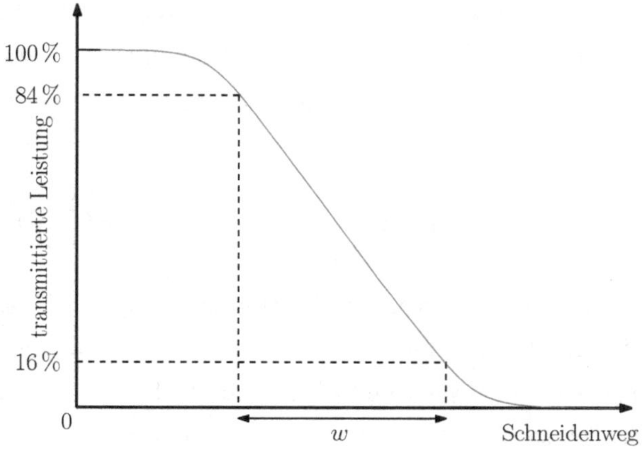

Abbildung 21: Bestimmung des Strahlradius' aus dem gefitteten Transmissionsprofil

6.4.1 Herleitung Strahldurchmesser

Wie eben erläutert wird bei der Verwendung der Schneidenmethode nicht die Intensität im Strahlprofil gemessen, sondern die übertragene Leistung. Durch das schrittweise Abschatten des Strahlquerschnitts wird das Transmissionsprofil der optischen Leistung bestimmt. In der Norm ist angegeben, wie sich der Strahlradius aus dem Transmissionsprofil ableiten lässt. Es wird die Strecke zwischen den Schneidenpositionen, an denen 84,1 % bzw. 15,9 % der optischen Leistung transmittiert werden, als Strahlradius definiert. Diese Definition für den Strahlradius wird aus der Definition, welche der Abfall der Intensität auf das e^{-2}-fache des Maximalwertes zugrunde liegt, hergeleitet.

Zur Herleitung wird zuerst die Formel für die übertragene Gesamtleistung (siehe Gleichung 2.29) etwas modifiziert, indem man die Gleichung in kartesische Koordinaten umwandelt. Bei der mathematischen Beschreibung der Schneidenmethode ist ein kartesisches Koordinatensystem das am besten geeignetste, da die Schneide und der Schneidenweg linear sind und senkrecht aufeinander stehen.

$$P = \int_0^{2\pi}\int_0^{\infty} I(r,z)\cdot r\cdot \mathrm{d}\varphi\cdot \mathrm{d}r = \int_{-\infty}^{\infty}\int_{-\infty}^{\infty} I_{\max}\cdot \mathrm{e}^{-\frac{2\left(x^2+y^2\right)}{w(z)^2}}\cdot \mathrm{d}x\cdot \mathrm{d}y \tag{6.7}$$

Um nun die transmittierte Leistung zu bestimmen, wenn ein Teil des Laserstrahls mit der Messerschneide abgedeckt wird, wird davon ausgegangen, dass die Schneide von der negativen x-Achse eingeschoben wird. Da die Schneide viel größer als der Detektorchip ist, kann man die Schneide als in y-Richtung unendlich ausgedehnt ansehen. Für die transmittierte Leistung in Abhängigkeit von der Schneidenposition x_0 ergibt sich nun folgende Gleichung:

$$P_{\text{trans}} = I_{\max}\cdot \int_{x_0}^{\infty} \mathrm{e}^{-\frac{2x^2}{w(z)^2}}\cdot \mathrm{d}x\cdot \int_{-\infty}^{\infty} \mathrm{e}^{-\frac{2y^2}{w(z)^2}}\cdot \mathrm{d}y \tag{6.8}$$

Dieses Integral lässt sich so wie es hier steht, nicht analytisch lösen. Um das Integral doch lösen zu können, behilft man sich mit der sogenannten Fehlerfunktion erf:

$$\operatorname{erf}(x) = \frac{2}{\sqrt{\pi}}\cdot \int_0^{x} \mathrm{e}^{-\gamma^2}\cdot \mathrm{d}\gamma = \frac{1}{\sqrt{\pi}}\cdot \int_{-x}^{x} \mathrm{e}^{-\gamma^2}\cdot \mathrm{d}\gamma \tag{6.9}$$

Gleichung 6.8 lässt sich so mit der Substitution $\varphi(x) = \sqrt{2}\cdot \frac{x}{w(z)}$ schreiben als:

$$P_{\text{trans}} = \underbrace{I_{\max}\cdot w(z)^2\cdot \pi\cdot \frac{1}{2}}_{P_0}\cdot \frac{1}{\sqrt{\pi}}\int_{\varphi(x_0)}^{\infty} \mathrm{e}^{-\gamma^2}\cdot \mathrm{d}\gamma\cdot \underbrace{\operatorname{erf}(\infty)}_{=1} \tag{6.10}$$

Um nun die Fehlerfunktion auch auf das verbleibende Integral anwenden zu können, müssen die Integrationsgrenzen denen der Fehlerfunktion angepasst werden. Aus diesem Grund wird das Integral in zwei Teile aufgespalten:

$$P_{\mathrm{trans}} = P_0 \cdot \frac{1}{\sqrt{\pi}} \cdot \left[\int_0^{\infty} \mathrm{e}^{-\gamma^2} \cdot \mathrm{d}\gamma - \int_0^{\varphi(x_0)} \mathrm{e}^{-\gamma^2} \cdot \mathrm{d}\gamma \right] \tag{6.11}$$

Wird nun die Fehlerfunktion auf die beiden Integrale angewendet, so erhält man folgende Gleichung für die transformierte optische Leistung für eine Schneidenposition bei x_0:

$$P_{\mathrm{trans}} = P_0 \cdot \frac{1}{2} \cdot [1 - \mathrm{erf}\,(\varphi(x_0))] = P_0 \cdot \frac{1}{2} \cdot \left[1 - \mathrm{erf}\left(\frac{\sqrt{2}}{w(z)} \cdot x_0\right)\right] \tag{6.12}$$

Mit dieser Gleichung kann die transmittierte optische Leistung berechnet werden, wenn die Messerschneide die Position $x_0 = -\frac{w(z)}{2}$ beziehungsweise die Position $x_0 = +\frac{w(z)}{2}$ besitzt. Die Strecke zwischen diesen beiden Schneidenpositionen entspricht dann dem Strahlradius nach der in Kapitel 2 angegebenen Definition. Die prozentualen Leistungen, welche an diesen Schneidenpositionen gemessen werden, sind dabei zum einen 84,1 % von P_0 und zum anderen 15,9 % von P_0.

$$P\left(-\frac{w(z)}{2}\right) = P_0 \cdot \frac{1}{2} \cdot \left[1 - \mathrm{erf}\left(-\frac{1}{\sqrt{2}}\right)\right] \approx 0{,}841 \cdot P_0 \tag{6.13}$$

$$P\left(+\frac{w(z)}{2}\right) = P_0 \cdot \frac{1}{2} \cdot \left[1 - \mathrm{erf}\left(+\frac{1}{\sqrt{2}}\right)\right] \approx 0{,}159 \cdot P_0 \tag{6.14}$$

6.4.2 Messaufbau

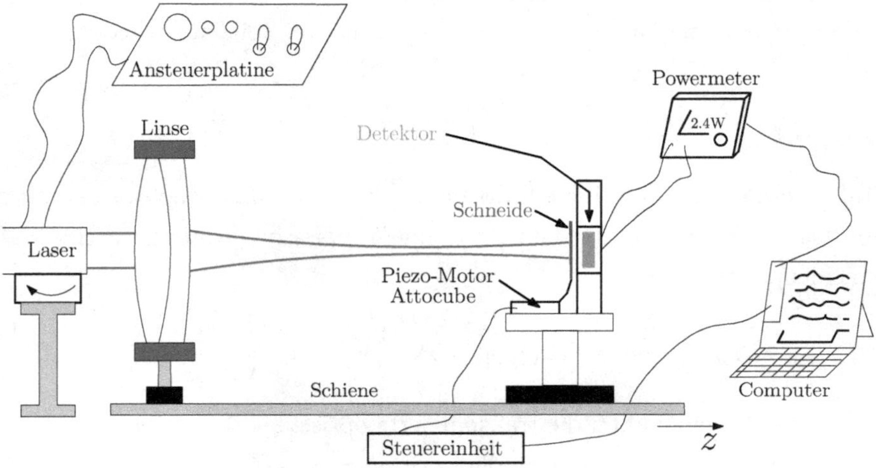

Abbildung 22: Schematische Darstellung des Aufbaus der Messung mit der Schneidenmethode

Der Messaufbau für die Divergenzmessung mittels Schneidenmethode unterscheidet sich nur beim Detektorsystem von den anderen beschriebenen Methoden. Der Laseraufbau, sowie die Position für Laser und Linse bleiben unverändert. Zum Erfassen der transmittierten Leistung wird das Newport Powermeter 842-PE eingesetzt. Dabei wird ein Thermopile-Detektor verwendet, welcher die ankommende Laserstrahlung absorbiert, was zu einer Temperaturveränderung führt, welche wiederum eine Veränderung der physikalischen und elektrischen Eigenschaften des Sensors bewirken. Zum Auslesen der gemessenen Leistungswerte wird das Powermeter direkt an den Laptop angeschlossen. Als Messerschneide zum „Abschneiden“ des Laserstrahls wird eine sehr präzise Industrie-Rasierklinge der Firma

LUTZ-BLADES verwendet. Die Klinge wird auf ein gebogenes Metallblech montiert, welches wiederum auf die Positioniereinheit der Firma Attocube angeschraubt wird (siehe Abbildung 23). Bei dieser Positioniereinheit handelt es sich um einen Piezo-Motor, welcher sich durch die mitgelieferte Steuereinheit verfahren lässt. Diese Steuereinheit ist wiederum mit dem Laptop verbunden, wodurch sich der komplette Messablauf zur Aufnahme des Transmissionsprofils an einer z-Position mit dem Computer steuern lässt. Der Detektor, sowie der Piezo-Motor sind auf einen kleinen Schlitten angebracht, mit welchem sich auf der Schiene verschiedene Abstände zum Lasermodul anfahren lassen.

Abbildung 23: Thermopile-Sensor mit Messerschneide auf Positioniereinheit

6.4.3 Durchführung der Messung

Vor Beginn der Messwertaufnahme ist sicher zu stellen, dass der Detektor über den kompletten Messbereich zum Laserstrahl ausgerichtet ist. Dazu soll die optische Achse des Strahls senkrecht auf dem Detektorchip stehen und diesen mittig treffen. Es ist weiter zu prüfen, dass die Messerschneide plan auf den Gehäuse des Thermopile-Sensors anliegt und dass der Verfahrweg der Klinge den kompletten Detektorchip abdeckt. Da der thermische Sensor aufgrund der Raumtemperatur bereits einen gewissen Messwert anzeigt, ist das Powermeter vor Beginn der Messung auf Null zu setzen. Während der Messung sollten Temperaturschwankungen der Umgebung oder Luftzug durch Öffnen der Tür im Labor vermieden werden. Sind die Voraussetzungen erfüllt, kann eine Messreihe gestartet werden. Es wird die erste Messposition angefahren und die Schneide per Hand etwas außerhalb des Laserspots positioniert. Zur Ansteuerung des Systems und zum Auslesen der Messdaten aus dem Powermeter wurde eine vorhandene Software verwendet.
Es wird ein schrittweiser Verfahrweg der Messerschneide von 25 µm eingestellt. Da thermische Sensoren generell längere Ansprechzeiten als photoelektrische Sensoren benötigen, ist die Zeit, die für eine Leistungsmessung eingestellt wird, mit 5 s relativ lange. Leistungsmessung und anschließendes Verfahren der Schneidenposition wird solange wiederholt, bis das Powermeter keine Veränderung der Leistung bei weiterer Verstellung der Schneidenposition feststellt.

6.4.4 Auswertung der Messdaten

Ist die Aufnahme der Messwerte beendet, so müssen diese Daten ausgewertet werden. Dazu werden die in einem Textfile gespeicherten Leistungswerte in eine Excel-Tabelle übertragen und aufbereitet. Die Daten aus der Excel-Tabelle werden in ein MathCad-Programm eingelesen, welches als erstes den Strahlradius an jeder gemessenen z-Position errechnet. Dazu wird das Transmissionsprofil erstellt, indem eine Ausgleichskurve an die real gemessenen Leistungswerte angenähert wird. Aus diesem Transmissionsprofil wird der Strahlradius, wie unter Kapitel 6.4.1 erklärt, ermittelt. Die Berechnung der Fitkurve für das Strahlprofil entlang der optischen Achse des fokussierten Laserstrahls aus den ermittelten Strahldurchmessern bzw. Strahlradien erfolgt auf gleiche Weise wie bei den anderen Methoden. Die Rückrechnung auf den ursprünglichen Strahl mit MATLAB, sowie die Bestimmung des Divergenzwinkels erfolgt ebenfalls auf gleiche Weise wie bei den anderen beschriebenen Methoden. Der Wert des Divergenzwinkels wird wieder mit den Angaben aus dem Datenblatt und mit den Ergebnissen der älteren Messungen im Medienkanal [12] verglichen.

6.5 Drehspiegel

Eine weitere Methode zur Messung des Strahlradius' an verschiedenen Positionen auf der optischen Achse ist ein Messaufbau mit einem Drehspiegel. Allerdings handelt es sich bei diesem Aufbau um keine genormte Messmethode. Es wird ein rotierender Planspiegel in den Strahlengang des Lasers gestellt und der durch den Spiegel abgelenkte Strahl mit einer Photodiode detektiert. Am Ausgang der Photodiode soll mit einem Oszilloskop der erzeugte Puls erfasst werden und anhand der Pulsbreite der Strahldurchmesser bestimmt werden.

6.5.1 Messaufbau

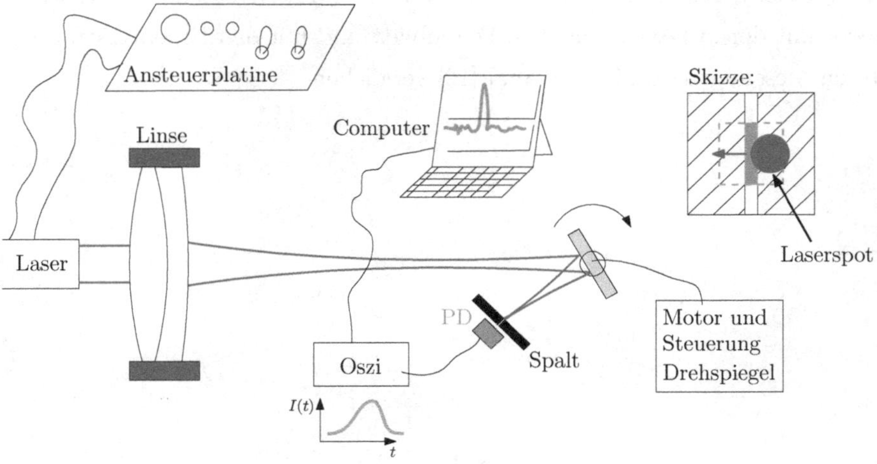

Abbildung 24: Schematischer Aufbau der Messung mit der Drehspiegelmethode

Der Aufbau für das Lasermodul und für die Sammellinse ändert sich bei dieser Methode nicht, allerdings unterscheidet sich der Aufbau des

Detektionsbereiches erheblich von den bisher beschriebenen Methoden. Es wird ein rotierbarer Drehspiegel (Pasco OS-9263B) auf einem verfahrbaren Schlitten positioniert. Der Motor für den Drehspiegel lässt sich mit einer Steuereinheit einschalten, wobei man zwischen den Drehzahlen $n_1 = 750\,\frac{\text{Umdrehungen}}{\text{Sekunde}}$ und $n_2 = 1500\,\frac{\text{Umdrehungen}}{\text{Sekunde}}$ wählen kann. Zwischen Spiegel und Sammellinse wird in der Nähe der optischen Achse ein enger Spalt aufgestellt, hinter dem sich die Detektionsfläche einer Photodiode befindet. Der Ausgang der Photodiode wird an einem Oszilloskop der Firma LeCroy (WaveRunner HRO 66Zi) angezeigt. Anhand des am Oszilloskop angezeigten Pulses soll der Durchmesser des Laserstrahls bestimmt werden.
Bei der Messung des Abstandes nach der Linse, also der z-Position, ist darauf zu achten, dass jetzt dem Weg von der Sammellinse zum Drehspiegel noch der Weg vom Spiegel zur Photodiode addiert werden muss. Dadurch ist mit dieser Methode ein noch kompakterer Messaufbau möglich.

6.5.2 Probleme bei der Messung

Bei den Vorversuchen zu dieser Methode stellte sich heraus, dass die Detektion des Laserstrahls mit der Photodiode nicht einwandfrei funktioniert. Grund dafür ist, dass das Er:Glass-Lasermodul nicht kontinuierlich Licht abstrahlt. Stattdessen werden Lichtpulse mit einer Frequenz von 100 Hz und einer Pulsbreite von FWHM $\approx$ 4 ns emittiert. Somit ist nicht sicher gestellt, dass zu dem Zeitpunkt, an dem der Laserstrahl durch den Drehspiegel an der Detektorfläche der Photodiode vorbeigeführt wird, auch gerade ein Laserpuls ausgesandt wird. Da die Drehzahl des Motors für den Drehspiegel nicht stufenlos einstellbar ist, kann diese nicht an die Frequenz des Lasers angepasst werden, wodurch eine konkrete Signaldetektion mit dem hier betrachteten

Aufbau nicht möglich ist.

7 Ergebnisse

Die in unten stehender Tabelle 1 dargestellten Ergebnisse aus den vier verschiedenen, hier getesteten Methoden zur Bestimmung des Divergenzwinkels unter Zuhilfenahme der Matrizenoptik, wurden aus den Aufbauten, welche im Kapitel 6 beschrieben werden, erzielt. Außerdem werden zum Vergleich auch nochmal die Ergebnisse von den Messungen aus dem Jahr 2015 [12] gezeigt. Im Datenblatt des Lasermoduls wird der Divergenzwinkel mit 0,3 mrad und der Gütefaktor M^2 mit 1,2 angegeben.

Parameter	**Xenics**	**WinCam**	**Schneide**
fokussierter Laserstrahl:			
Taillenradius w_0	0,192 mm	0,141 mm	0,195 mm
Rayleighlänge z_R	61 cm	67 cm	64 cm
Gütefaktor M^2	1,248	0,602	1,225
Divergenzwinkel θ	6,35 mrad	4,18 mrad	6,14 mrad
rückgerechneter unfokussierter Laserstrahl:			
Gütefaktor M^2	1,248	0,602	1,225
Divergenzwinkel θ	0,527 mrad	0,426 mrad	0,502 mrad
ältere Messung im Medienkanal (2015):			
Gütefaktor M^2	1,229	xxxxx	1,156
Divergenzwinkel θ	0,511 mrad	xxxxx	0,661 mrad

Tabelle 1: Gegenüberstellung der Ergebnisse

Der Vergleich der Ergebnisse zeigt, dass die erzielten Werte für den Divergenzwinkel und dem Gütefaktor des Laserstrahls bei den Messungen mit der Xenics-Kamera, sowie bei den Messungen mit der Schneidenmethode in der Größenordnung der Ergebnisse aus den älteren Tunnelmessungen liegen. Wie damals stimmt auch hier der Wert für den Gütefaktor M^2 mit den Angaben aus dem Datenblatt des Lasers in etwa überein, allerdings gibt es

wieder eine große Abweichung, um ca. den Faktor 2, bei dem im Datenblatt angegebenen Wert für den Divergenzwinkel des Laserstrahls.
In den Abbildungen 25 und 26 werden die mit der Matrizenmethode zurückgerechneten Strahlprofile den im Medienkanal gemessenen Strahlprofile graphisch gegenüber gestellt. Die Messung mit der WinCamD-Kamera lieferte aufgrund der im Kapitel 6.3 angegebenen Probleme keine plausiblen Ergebnisse. Die nicht genormte Methode zur Vermessung des Strahlradius' mithilfe des Drehspiegels brachte wegen der sehr kurzen Breite des Laserpulses gar keine Ergebnisse.

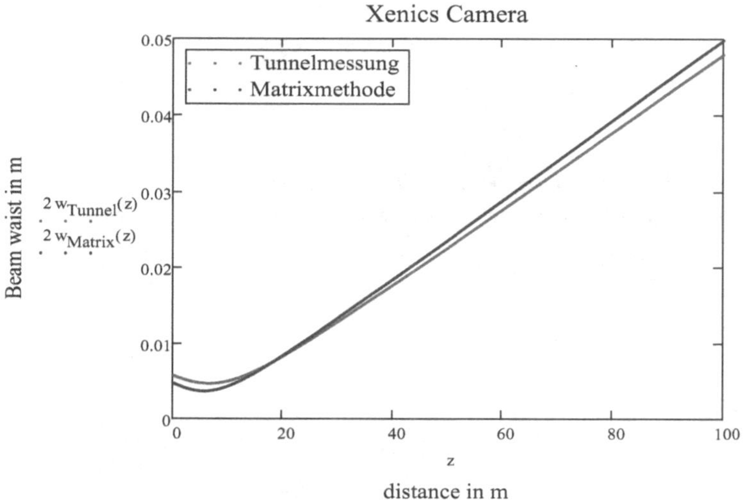

Abbildung 25: *Xenics-Kamera:*Vergleich des Strahlprofils, welches mit der Matrixmethode rückgerechnet wurde (blau) mit dem im Medienkanal der Hochschule gemessenen Strahlprofils (rot)

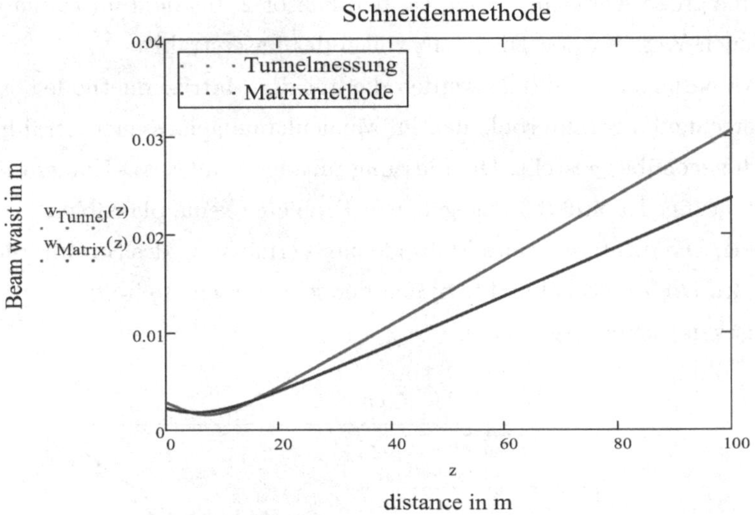

Abbildung 26: *Schneidenmethode:*Vergleich des Strahlprofils, welches mit der Matrixmethode rückgerechnet wurde (blau) mit dem im Medienkanal der Hochschule gemessenen Strahlprofils (rot)

8 Diskussion

Durch diese Arbeit wurde deutlich, dass die Möglichkeit besteht, die Messung des Divergenzwinkels eines niedrig divergenten NIR-Lasermodules mithilfe der Matrizenoptik auf einem ca. 2 m großen Labortisch durchzuführen.
Die beiden Methoden „Xenics InGaAs-Kamera“ und „Schneidenmethode“ lieferten plausible Ergebnisse für den Divergenzwinkel des Laserstrahls, welche in etwa den Ergebnissen der Messungen aus dem Jahr 2015 entsprechen. Die Angabe des Divergenzwinkels im Datenblatt des Lasermodules, $\theta = 0{,}3\,\mathrm{mrad}$, kann nicht bestätigt werden. Da es sich bei der Abweichung ungefähr um den Faktor 2 handelt, wird vermutet, dass bei der Dokumentation des Laserherstellers vergessen wurde, anzugeben, dass es sich bei dem Wert für den Divergenzwinkel eigentlich um den halben Divergenzwinkel handelt. Ob dies wirklich so ist, ist noch mit dem Laserhersteller abzuklären.
Bei der Anwendung der WinCamD stellte sich heraus, dass deren Dynamikbereich für eine korrekte Messung des Divergenzwinkels mit dem hier konzipierten Aufbau zu gering ist. Der Messwert für den Strahldurchmesser ist abhängig vom Kamera-Setup und der optischen Filterung des Signals. Durch eine externe Triggerung der Kamera konnte zwar etwas Spielraum bei der Einstellung der Belichtungszeit gewonnen werden, was aber nicht zu einem besseren Messergebnis führte. Die Vorversuche zum Drehspiegelaufbau zeigten sehr deutlich, dass die Pulsbreite des Lasers für diese Methode zu klein ist. Da die Drehzahl des Drehspiegelmotors nicht stufenlos einstellbar ist, kann diese nicht an die Frequenz des Lasers angepasst werden. Die Methode mit dem Drehspiegelaufbau lieferte somit keine Ergebnisse.
Allerdings wurden mit der Xenics-Kamera und mit der Schneidenmethode zufriedenstellende Werte für den Divergenzwinkel gemessen. Das Ziel, einen

Divergenzmessplatz für Er:Glass-Lasermodule, welche in Laser-Range-Finding-Systeme der Firma Steiner Optik GmbH eingebaut werden, aufzubauen, wurde erreicht. Durch die hier verwendete Methode ergeben sich im Vergleich zur Bestimmung des Divergenzwinkels ohne Transformation des Laserstrahls durch eine Sammellinse und Anwendung der Matrizenoptik, verschiedene Vorteile bei der Durchführung der Messung. Aufgrund des geringeren Messbereiches sind die Aufbauten einfacher zu justieren und weniger störanfällig als die Messungen im Medienkanal der Hochschule. Durch die geringere Störanfälligkeit und die kürzeren Wege wird der Zeitaufwand, der für die Messung eines Lasermodules aufgebracht werden muss, erheblich verkürzt. Es stellte sich allerdings heraus, dass diese große Zeitersparnis nur für die Messung mit der Xenics-Kamera gilt. Bei der Schneidenmethode wird die Messzeit relativ gesehen nicht sehr viel kürzer, da der Thermopile-Sensor für die Leistungsmessung mit 5 s pro Aufnahme viel Zeit benötigt. Eventuell lässt sich der Zeitaufwand für die Schneidenmethode verkürzen, wenn man ein Leistungsmessgerät verwendet, welches nicht auf thermischen Effekten beruht.
Sollten die hier vorgeschlagenen Methoden zur Messung des Divergenzwinkel für eine größere Stückzahl von Lasermodulen verwendet werden, so wäre es sinnvoll, den Messablauf zu automatisieren. Dazu müsste ein kleiner Motor am Detektor montiert werden, mit welchem die gewünschten z-Positionen für die Messwertaufnahme angefahren werden können. Mit einer Messroutine, welche zum Beispiel mit LabView geschrieben werden kann, könnte dann eine komplette Messreihe durchgeführt werden und die Ergebnisse am Bildschirm ausgegeben werden. Eine weitere Idee ist, dass man diesen Aufbau aufrüstet und somit sämtliche Laserparameter mit nur einem kompakten Messaufbau

durch eine einzige Messroutine in einem akzeptablen Zeitaufwand erfassen kann.

Literatur

[1] Alexander Hornberg. Propagation of Gaussian beams. *Laser-Journal*, 2005.

[2] Anthony Gerrard. *Introduction to Matrix Methods in Optics*. Wiley, London, 1975.

[3] Chris Tofallis. Lesat Squares Percentage Regression. *Journal of Modern Applied Statistical Methods*, 2008.

[4] Deutsches Institut für Normung. Geometrical optics - Nomenclature and definitions. Deutsche Norm, 2003. DIN 1335.

[5] Deutsches Institut für Normung. Laser und Laseranlagen-Prüfverfahren für Laserstrahlabmessung, Divergenzwinkel und Beugungsmaßzahlen. Deutsche Norm, 2005. DIN EN ISO 11146.

[6] Dieter Meschede. *Optik, Licht und Laser*. Springer-Verlag, Heidelberg, 2008.

[7] Dr. Rüdiger Paschotta. Intensive Lichtpulse nach Maß. *Laser+Photonik*, 2005.

[8] Frank Pedrotti, Leno Pedrotti, Werner Bausch, Hartmut Schmidt. *Optik für Ingenieure*. Springer-Verlag, Heidelberg, 2005.

[9] Javier Alda. Laser and Gaussian Beam Propagation and Transformation. *Encyclopedia of Optical Engineering*, 2003.

[10] Jürgen Eichler, Lothar Dünkel, Bernd Eppich. Die Strahlqualität von Lasern. *Laser-Journal*, 2004.

[11] Jörn Stenger. Skriptum zur Vorlesung Technische Optik: Laser, 2008. Technische Universität Braunschweig.

[12] Martin Peterlik. Development of a setup for characterizing a pulsed laser module at 1535 nm. Technische Hochschule Deggendorf, 2015.

[13] steiner-defense. `http://www.steiner-defense.com/binoculars/m830r-lrf-1535nm`. Eingesehen am 07.02.2017.

[14] Wolfgang Zinth, Ursula Zinth. *Optik: Lichtstrahlen-Wellen-Photonen.* Oldenbourg Wissenschaftsverlag, München, 2013.

Abbildungsverzeichnis

Tabellenverzeichnis

A Anhang Datenblätter

II-VI SUWTECH

Q-switched Laser with Internal InGaAs PD

Data Sheet

Model Name: DPQLM-1535-C-0040-005N-02-30-000-C

Serial Number: 273#

Testing Conditions

LD Operating Mode	Pulse	LD Pumping Width(ms)	1.14
LD Pumping Repetition Rate(Hz)	100	Testing Case Temperature Range	10~50°C
LD working current(mA)	3000		

Output Parameters:

Multiple Output Pulses for a single LD Pumping Pulse

Single Pulse Energy (μJ) (Typ.)	34	Pulse Build-up Time(ms)(Typ.)	1.14
Pulse width(ns)	4.6	Beam Divergence(mrad)	0.30

Single Pulse Energy & Build-up Time Vs Temperature GRAPH

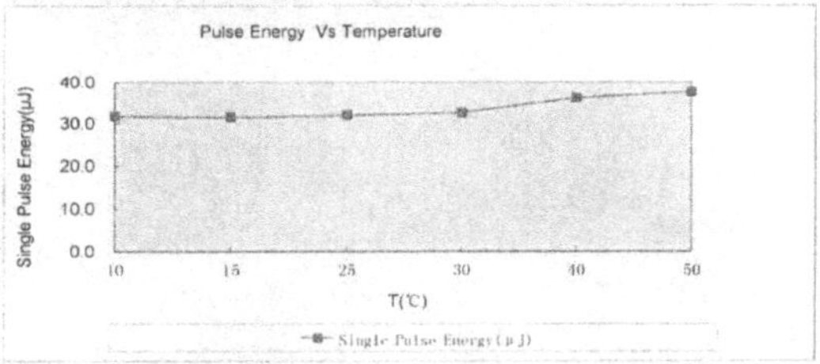

Dimensions and Pin Configuration (Unit: mm):

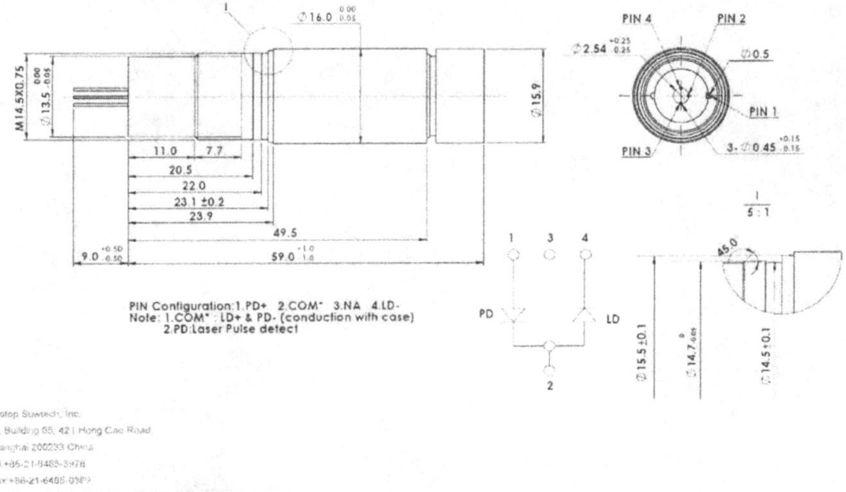

PIN Configuration: 1.PD+ 2.COM* 3.NA 4.LD-
Note: 1.COM* : LD+ & PD- (conduction with case)
2.PD:Laser Pulse detect

Photop Suwtech, Inc.
2F, Building 65, 421 Hong Cao Road
Shanghai 200233 China
Tel:+86-21-6485-3978
Fax:+86-21-6485-0389
E-mail:Laser@photoptech.com, Http://www.photoptech.com

Tested by Mengzhen Zeng **Approved by** Guanglei Ding

RADIUS	R TOL	POWER	IRRG	CA
645.24 CX	±0.5%	3	2	95%
645.24	±0.5%	3	2	95%
2784.80 CX	±0.5%	3	2	95%

DIA	DIA TOL	MATERIAL	INDEX	CT	CT Tol
150.00	-0.10/-0.25	N-BK7	517-642	15.0	±0.1
150.00	+0.05/-0.10	N-SF5	673-322	10.0	±0.1

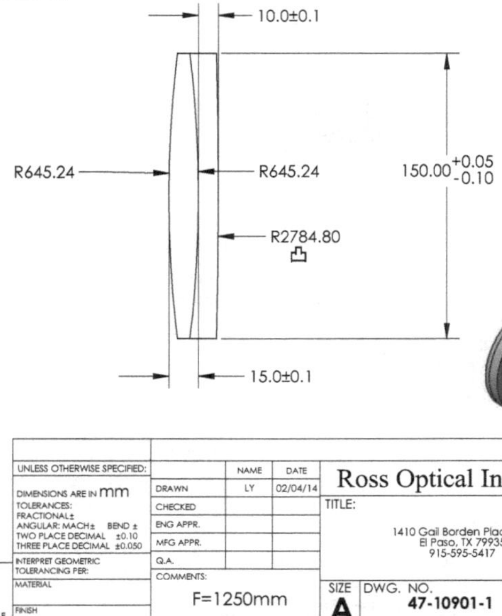

NOTES:

1. ALL DIMENSIONS IN MM
2. TOLERANCE UNLESS SPECIFIED ± 0.10
3. MATERIAL GRADE B, FA PER MIL-G-174, SCHOTT OR EQUIVALENT, ROHs COMPLIANT
4. POLISH TO TESTPLATE WITHIN POWER AND IRREGULARITY INDICATED (FRINGES)
5. MANUFACTURE PER MIL-PRF-13830
6. SURFACE QUALITY : 60-40 SCRATCH-DIG
7. CHAMFER EDGES: 0.5 x 45° TYPICAL
8. CENTRATION TOLERANCE: 5 MINUTES MAX.
9. EFL=1250mm ±2%
10. COATING: BBAR 400-700NM, Ravg<0.8% PER SURFACE
11. CEMENT USING NORLAND NOA61 OR EQUIVALENT

PROPRIETARY AND CONFIDENTIAL

THE INFORMATION CONTAINED IN THIS DRAWING IS THE SOLE PROPERTY OF ROSS OPTICAL INDUSTRIES. ANY REPRODUCTION IN PART OR AS A WHOLE WITHOUT THE WRITTEN PERMISSION OF ROSS OPTICAL INDUSTRIES IS PROHIBITED.

UNLESS OTHERWISE SPECIFIED:
DIMENSIONS ARE IN mm
TOLERANCES:
FRACTIONAL±
ANGULAR: MACH± BEND ±
TWO PLACE DECIMAL ±0.10
THREE PLACE DECIMAL ±0.050
INTERPRET GEOMETRIC TOLERANCING PER:
MATERIAL
FINISH
DO NOT SCALE DRAWING

	NAME	DATE
DRAWN	LY	02/04/14
CHECKED		
ENG APPR.		
MFG APPR.		
Q.A.		

COMMENTS:
F=1250mm

Project No. 47-10901

Ross Optical Industries

TITLE:

1410 Gail Borden Place, A3
El Paso, TX 79935
915-595-5417

SIZE	DWG. NO.	REV
A	47-10901-1	0

SCALE: 1:2 WEIGHT: SHEET 1 OF 1

5 4 3 2 1

	PART DESCRIPTION	MATERIAL
①	SM2RR	ANODIZED ALUMINUM
②	LA1779	N-BK7
③	ENGRAVED HOUSING	ANODIZED ALUMINUM

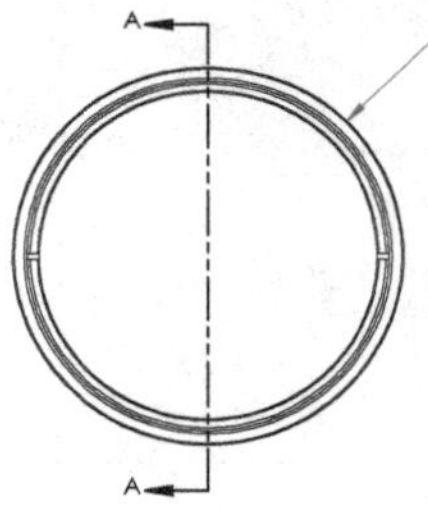

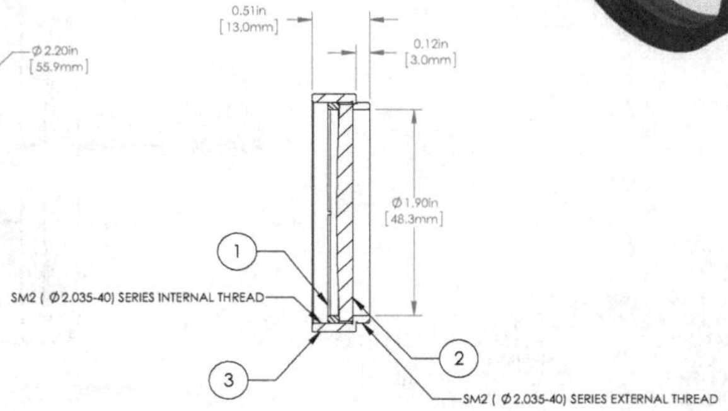

NOTES/SPECIFICATIONS:

1. DESIGN WAVELENGTH: 633nm
2. FOCAL LENGTH: f=1000.0mm±1%
3. WORKING DISTANCE (REF): 993.8mm
4. CLEAR APERTURE: > Ø 45.72mm
5. SURFACE QUALITY: 40-20 SCRATCH-DIG

FOR INFORMATION ONLY
NOT FOR MANUFACTURING PURPOSES

DRAWING PROJECTION			THORLABS www.thorlabs.com	
	NAME	DATE	Ø 2" MOUNTED PLANO-CONVEX LENS, f=1000mm	
DRAWN	GG	15/OCT/15		
APPROVAL	DD	15/OCT/15	MATERIAL: SEE TABLE	REV: A
COPYRIGHT © 2015 BY THORLABS			ITEM #: LA1779-ML	APPROX WEIGHT: 30 g
VALUES IN PARENTHESIS ARE CALCULATED AND MAY CONTAIN ROUNDOFF ERRORS				

B Anhang MathCad-Programme

Measuremet of beam propagation with Xenics Camera (24.10.2016)

$\begin{pmatrix} d \\ BW \end{pmatrix} :=$

Abstand zur Linse [cm]	Beam Width [um]
70	1528,75
73	1330
76	1146,25
79	984,125
82	806,25
85	612,25

$d := d \cdot 10^{-2}$

$BW := BW \cdot 10^{-6}$

$u := 0..31$ Number of calculated measurements

$m := BW$ selection of calculated beam width

Calculation of the beam parameters according ISO-11146:

$$F(a,b,c) := \sum_u \left[\frac{\left[(m)_u\right] - \left[\sqrt{c \cdot (d_u)^2 + b \cdot d_u + a}\right]}{\left[(m)_u\right]} \right]^2$$

sum of the squares of the relative errors

$a := 3.492 \times 10^{-5}$ $b := -7.485 \times 10^{-5}$ $c := 4.028 \times 10^{-5}$ guessed starting values

$CTOL := 10^{-2}$

$F\left(1\cdot 10^{-5}, -2\cdot 10^{-6}, 10^{-6}\right) = 461.064$

$F(a,b,c) = 0.02$

System of equations to solve for the coefficients o of a polynomial second order

$mrad \equiv 10^{-3}\cdot rad$

Vorgabe

$$\frac{d}{da}F(a,b,c) = 0$$

$$\frac{d}{db}F(a,b,c) = 0$$

$$\frac{d}{dc}F(a,b,c) = 0$$

$$o = \begin{pmatrix} 3.492\times 10^{-5} \\ -7.485\times 10^{-5} \\ 4.028\times 10^{-5} \end{pmatrix}$$

$d_{Poly2}(z) := \sqrt{o_0 + o_1\cdot z + o_2\cdot z^2}$ curve fit function according to ISO-11146

Calculated beam parameters according ISO-11146

$$z_0 := \frac{-o_1}{2 \cdot o_2}$$ $z_0 = 0.929$ Waist position in meters

$$d_0 := \frac{1 \cdot \sqrt{4 \cdot o_0 \cdot o_2 - (o_1)^2}}{2 \cdot \sqrt{o_2}}$$ $d_0 = 3.844 \times 10^{-4}$ Waist diameter in meters

$$z_R := 1 \cdot \frac{\sqrt{4 \cdot o_0 \cdot o_2 - (o_1)^2}}{2 \cdot o_2}$$ $z_R = 0.061$ Rayleighlength in meters

$$\sigma := \sqrt{o_2}$$ $\sigma = 6.347 \cdot \text{mrad}$ Beam divergence (full angle)

$$M2 := \pi \cdot \frac{\sqrt{4 \cdot o_0 \cdot o_2 - (o_1)^2}}{8 \cdot 1535 \cdot 10^{-9}}$$ $M2 = 1.248$ M square value

$$z_{Rideal} := \pi \cdot \frac{\left(\frac{d_0}{2}\right)^2}{1535 \times 10^{-9}}$$ Rayleighlength of an ideal gaussian beam with same waist diameter

$$w_{ideal}(z) := \frac{d_0}{2} \cdot \sqrt{1 + \left(\frac{z - z_0}{z_{Rideal}}\right)^2}$$ Function of ideal gaussian beam

Graphical presentation of the results

$$d_{Poly2}(z) := \sqrt{o_0 + o_1 \cdot z + o_2 \cdot z^2}$$

$$w_{ideal}(z) := \frac{d_0}{2} \cdot \sqrt{1 + \left(\frac{z - z_0}{z_{Rideal}}\right)^2}$$

d =

	0
0	0.7
1	0.73
2	0.76
3	0.79
4	0.82
5	0.85
6	0.88
7	0.9
8	0.91
9	0.92
10	0.93
11	0.94
12	...

m =

	0
0	$1.529 \cdot 10^{-3}$
1	$1.33 \cdot 10^{-3}$
2	$1.146 \cdot 10^{-3}$
3	$9.841 \cdot 10^{-4}$
4	$8.063 \cdot 10^{-4}$
5	$6.122 \cdot 10^{-4}$
6	$5.32 \cdot 10^{-4}$
7	$4.035 \cdot 10^{-4}$
8	$3.841 \cdot 10^{-4}$
9	$3.829 \cdot 10^{-4}$
10	$3.884 \cdot 10^{-4}$
11	$4.014 \cdot 10^{-4}$
12	...

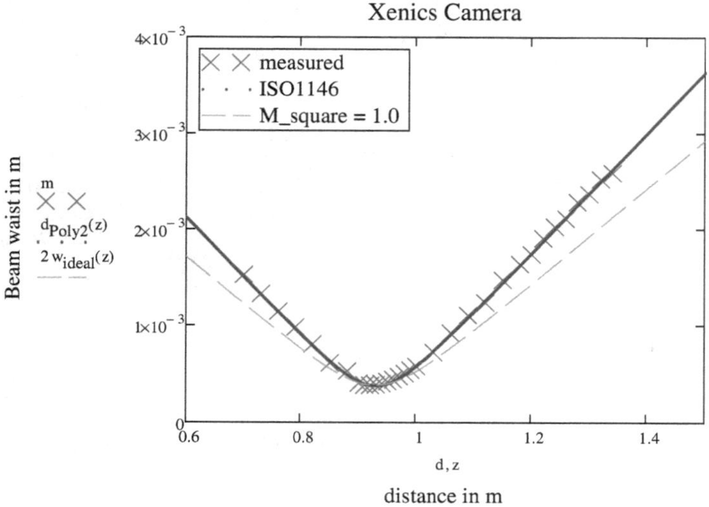

Measurement of beam propagation with Moving-Knife-Edge-Method (15.11.2016)

$\begin{pmatrix} d \\ l \\ P \end{pmatrix} :=$

Distance(d) in meters	0,7	0,8
Knife-edge position(l) in nm	Transmitted power in watt	Transmitted power in w
0	0,0032246	0,00316585
25	0,00321372	0,0031741
50	0,00319911	0,00319451
75	0,00318501	0,003171125
100	0,00317091	0,00314774
125	0,00313746	0,0031692
150	0,00316582	0,00304055
175	0,00317056	0,00303823
200	0,00313554	0,00304284
225	0,0031339	0,00303468
250	0,00313002	0,00302444
275	0,00309632	0,00300752
300	0,00309065	0,003016445
325	0,00311058	0,00302537
350	0,00305801	0,00301495
375	0,00307488	0,00300358
400	0,00308615	0,00302164
425	0,00302	0,0029888

$d := d^T$

$l := l \cdot 10^{-3}$

$P := P \cdot 10^3$

$P := P + 0.1$

$u := 0 .. 14$ Number of calculated measurements

Calculation of the beam radii at each distance:

Curve fitting:

$$g(n,A,k,X,Y) := \begin{bmatrix} \mathrm{erfc}[k\cdot(n-X)]\cdot A + Y \\ 2 - \mathrm{erfc}[k\cdot(X-n)] \\ \dfrac{2\cdot A\cdot e^{-k^2\cdot(X-n)^2}\cdot(X-n)}{\sqrt{\pi}} \\ \dfrac{2\cdot A\cdot k\cdot e^{-k^2\cdot(X-n)^2}}{\sqrt{\pi}} \\ 1 \end{bmatrix} \qquad \text{schätz} := \begin{pmatrix} 1.5 \\ 10 \\ 1 \\ 0.1 \end{pmatrix}$$

$\mathrm{Koeff}_u := \mathrm{genanp}\left(1, P^{\langle u\rangle}, \text{schätz}, g\right)$ Coefficient matrix

$P_f(x,u) := \left(\mathrm{Koeff}_u\right)_0 \cdot \mathrm{erfc}\left[\left(\mathrm{Koeff}_u\right)_1 \cdot x\right] + \left(\mathrm{Koeff}_u\right)_3$ Transmission profiles

$T(x,u) := \left(\dfrac{P_f(x,u)}{P_f(-100,u)}\right) \quad T(x,u) := T(x,u)$ normalized transmission profiles

$TOL := 10^{-6}$ $\qquad \mathrm{mrad} \equiv 10^{-3}\cdot\mathrm{rad}$

$x := 0$ guessed starting value for the wurzel-function

$x_{0.16}(u) := \mathrm{wurzel}(T(x,u) - 0.159, x) \qquad x_{0.84}(u) := \mathrm{wurzel}(T(x,u) - 0.841, x)$

$r_u := \left(x_{0.16}(u) - x_{0.84}(u)\right) \qquad r := \mathrm{Re}(r)\cdot 10^{-3}$ Vector of the calculated radii

Calculation of the beam parameters according ISO-11146:

$$F(a,b,c) := \sum_u \left[\frac{\left[(2r)_u\right] - \left[\sqrt{c\cdot(d_u)^2 + b\cdot d_u + a}\right]}{\left[(2r)_u\right]}\right]^2$$ sum of the squares of the relative errors

$a := 3.323 \times 10^{-5}$ $b := -7.059 \times 10^{-5}$ $c := 3.766 \times 10^{-5}$ guessed starting values

$CTOL := 10^{-3}$

$F(a,b,c) = 0.167$

System of equations to solve for the coefficients o of a polynomial second order

Vorgabe

$\frac{d}{da}F(a,b,c) = 0$

$\frac{d}{db}F(a,b,c) = 0$

$\frac{d}{dc}F(a,b,c) = 0$

$o := \mathrm{Suchen}(a,b,c)$ $o = \begin{pmatrix} 3.323 \times 10^{-5} \\ -7.059 \times 10^{-5} \\ 3.766 \times 10^{-5} \end{pmatrix}$

$d_{Poly2}(z) := \sqrt{o_0 + o_1\cdot z + o_2\cdot z^2}$ curve fit function according to ISO-11146

Calculated beam parameters according ISO-11146

$$z_0 := \frac{-o_1}{2 \cdot o_2}$$ $z_0 = 0.937$ Waist position in meters

$$d_0 := \frac{1 \cdot \sqrt{4 \cdot o_0 \cdot o_2 - (o_1)^2}}{2 \cdot \sqrt{o_2}}$$ $d_0 = 3.901 \times 10^{-4}$ Waist diameter in meters

$$z_R := 1 \cdot \frac{\sqrt{4 \cdot o_0 \cdot o_2 - (o_1)^2}}{2 \cdot o_2}$$ $z_R = 0.064$ Rayleighlength in meters

$$\sigma := \sqrt{o_2}$$ $\sigma = 6.137 \cdot \text{mrad}$ Beam divergence (full angle)

$$M2 := \pi \cdot \frac{\sqrt{4 \cdot o_0 \cdot o_2 - (o_1)^2}}{8 \cdot 1535 \cdot 10^{-9}}$$ $M2 = 1.225$ M square value

$$z_{Rideal} := \pi \cdot \frac{\left(\frac{d_0}{2}\right)^2}{1535 \times 10^{-9}}$$ Rayleighlength of an ideal gaussian beam with same waist diameter

$$w_{ideal}(z) := \frac{d_0}{2} \cdot \sqrt{1 + \left(\frac{z - z_0}{z_{Rideal}}\right)^2}$$ Function of ideal gaussian beam

Graphical presentation of the results

d =

	0
0	0.7
1	0.8
2	0.89
3	0.9
4	0.91
5	0.92
6	0.93
7	0.94
8	...

2r =

	0
0	$1.657\cdot10^{-3}$
1	$1.102\cdot10^{-3}$
2	$4.604\cdot10^{-4}$
3	$4.327\cdot10^{-4}$
4	$3.854\cdot10^{-4}$
5	$4.05\cdot10^{-4}$
6	$3.79\cdot10^{-4}$
7	$4.194\cdot10^{-4}$
8	...

$$d_{Poly2}(z) := \sqrt{o_0 + o_1\cdot z + o_2\cdot z^2}$$

$$w_{ideal}(z) := \frac{d_0}{2}\cdot\sqrt{1 + \left(\frac{z - z_0}{z_{Rideal}}\right)^2}$$

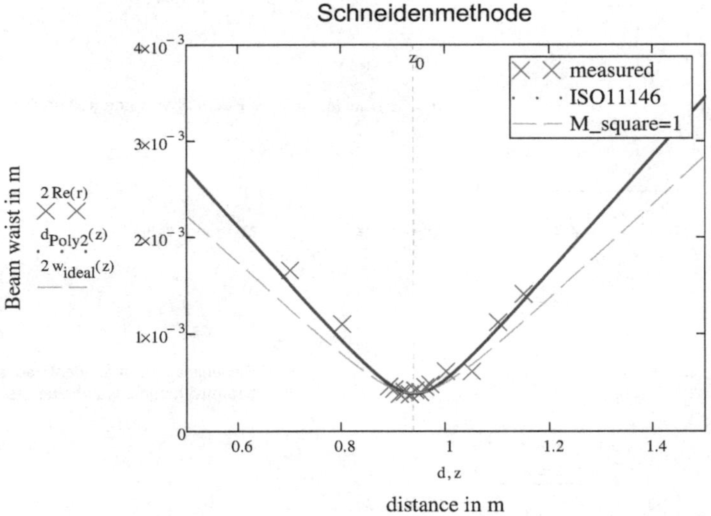

C Anhang MATLAB-Programme

```
% MATLAB
% Simulation Gaußstrahl durch Achromat
% Achromat von Ross Optical Industries
% Annahme Laserstrahl ist idealer Gaußstrahl
% Veränderung des q-Parameters nach Durchdringen der Linse
% Plotten des Strahlprofils


% Record of Revisions
% ==================
% Date              Programmer        Remarks
% ----------------------------------------
% 10. Oct. 2016    W. Lehermeier     Beginn der Erstellung
% 14. Oct. 2016    W. Lehermeier     Anpassen der Brechzahlen für 1535nm

%***********************************************************************

close all
clear all

% -------------Beginn Anweisungsteil ----------------------

[x_L,w0,z_w0,d0,lambda,d1,d2,nL,n1,n2,r1,r2]=get_params;
% liest die benötigten Parameter ins Programm ein

w=build_waistvorlinse(w0,lambda,z_w0);
% berechnet Strahlprofil vor der Linse

M=build_matrix(d0,d1,d2,nL,n1,n2,r1,r2);
% Gesamtmatrix für das optische System

[wneu]=build_strahlp(w0,lambda,M,z_w0,x_L,d1,d2);
% berechnet Strahlprofil nach Durchdringen des optischen Systems

p=figure;

p.Position=[190.0 312.0 560.0 420];

plot_strahl(w,x_L,wneu);
% 2D-Plot des Strahlprofils

h=figure;

h.Position=[852 311 560 420];

plotgauss3d( wneu,w,x_L );
% 3D-Plot des Strahlprofils
```

```
function [ x_L,w0,z_w0,d0,lambda,d1,d2,nL,n1,n2,r1,r2 ] = get_params(  )

% get_params liest die benötigten Systemparameter ein

x_L=input('Positon der ersten Linsenfläche in [m]:');
% Abstand der ersten Linsenfläche zum Laser

w0=input('Strahlradius in [mm]:');
% geschätzter Strahlradius des Lasers

w0=w0*1e-03;

z_w0=input('Lage der Strahltaille in [m]:');
% geschätzte Lage der Strahltaille

d0=x_L-z_w0;
% Abstand zwischen Taille und Linse

lambda= 0.000001535;
% Wellenlänge des Er:Glass-Lasers

d1=0.15;
% Dicke von Linse 1

d2=0.1;
% Dicke von Linse 2

nL=1;
% Berechungsindex der Luft

n1=1.500840;
% Brechungsindex Linse 1 bei lambda=1535nm (lt. OpTaliX)

n2=1.642405;
% Brechungsindex Linse 2 bei lambda=1535nm (lt. OpTaliX)

r1=0.64524;
% Krümmungsradius Linse 1

r2=2.7828;
% Krümmungsradius Linse 2

end
```

```
function [w ] = build_waistvorlinse( w0,lambda,z_w0 )

% build_waistvorlinse berechnet den Strahlradius
% in Abhängigkeit von z vor der Linse

w=@(z) w0.*(1+((lambda.*(z-z_w0))./(pi.*w0.^2)).^2).^0.5;

end
```

```
function [ system_matrix ] = build_matrix( d0,d1,d2,nL,n1,n2,r1,r2 )

% build_matrix erstellt die Systemmatrix aus den obigen Parametern

T1 = [1,d0;0,1];
% Translation von der Strahltaille zur ersten Linsenfläche

T2 = [1,d1;0,1];
% Translation durch die erste Linse

T3 = [1,d2;0,1];
% Translation durch die zweite Linse

B1 = [1,0;(nL/n1-1)*(1/r1),nL/n1];
% Brechung an der ersten Linsenfläche

B2 = [1,0;(n1/n2-1)*(-1/r1),n1/n2];
% Brechung beim Übergang von Linse 1 zu Linse 2

B3 = [1,0;(n2/nL-1)*(-1/r2),n2/nL];
% Brechung an der letzten Linsenfläche


system_matrix = B3*T3*B2*T2*B1*T1;
% Berechnung der Systemmatrix aus den Einzelmatrizen

end
```

```
function [ wneu ] = build_strahlp( w0,lambda,M,z_w0,x_L,d1,d2 )

% build_strahlp berechnet den komplexen Strahlparameter q (hier mit qq
% bezeichnet) nach dem optischen System und daraus das Strahlprofil nach
% der Linse

q=(1i.*(pi.*w0.^2)./lambda);
% komplexer Strahlparameter q an der Strahltaille bevor der Laserstrahl
% durch den Achromaten transformiert wird

qq=(M(1,1).*q+M(1,2))./(M(2,1).*q+M(2,2));
% komplexer Strahlparameter q nach Transformation des Laserstrahls direkt
% nach an der Position der letzten Linsenfläche des Achromaten

w0n=(imag(qq).*lambda./pi).^0.5
% Taillenradius des fokussierten Laserstrahls

zrneu=imag(qq)
% Rayleighlänge des fokussierten Laserstrahls

entfernung_waist_nach_linse=-real(qq)
% Entfernung der Strahltaille des fokussierten Laserstrahls nach der Linse

wneu=@(z) w0n.*(1+((lambda.*(z+real(qq)-x_L-d1-d2))
./(pi.*w0n.^2)).^2).^0.5;
% Strahlradius des fokussierten Laserstrahls in Abhängigkeit von z

end
```

```
function [ ] = plot_strahl( w,x_L,wneu )

% plot_strahl plottet das Strahlprofil vor und nach der Linse

z=[0:0.1:x_L];
% Abstufungen der z-Position vor der Linse

zz=[x_L+0.25:0.1:5];
% Abstufungen der z-Position nach der Linse

hold on
p=plot(z,w(z),'r',z,-w(z),'r',zz,wneu(zz),'r',zz,-wneu(zz),'r');
% rotationssymmetrischer Strahl wird rot gedruckt

grid minor

% Diagrammtitel und Achsenbeschriftung:
xlabel('Weg in [m]')
ylabel('Strahlradius in [m]')
title('Gaußstrahl durch dünne Linse')

% Andeuten der Linse im Diagramm:
linsestart=line([x_L x_L],[w(x_L) -w(x_L)]);
linsestart.Color=[0 0 0];
linseende=line([x_L+0.25 x_L+0.25],[wneu(x_L+0.25) -wneu(x_L+0.25)]);
linseende.Color=[0 0 0];

text(20,0.03,'Ausbreitungsrichtung \rightarrow')

hold off

end
```

```
function [ s ] = plotgauss3d( wneu,w,x_L )

% plotgauss3d plottet dreidimensionalen Strahlverlauf

% Abstufungen der z-Positionen:
z=0:0.05:x_L-0.05;
zL=x_L:0.05:x_L+0.25;
zz=x_L+0.30:0.05:5;

A=w(z);
ZL=0;
B=wneu(zz);
W=[A ZL B];
% hold on

% Plotten des Stralverlaufes:
[X,Y,Z]=cylinder(W,50);
s=surf(Y,Z,X);
a=gca;
a.CameraPosition=[1.65 -1.785 0.166];

% Beschriftung des Diagramms:
zlabel('Strahlradius in [m]')
xlabel('Strahlradius in [m]')
ylabel('Weg in [m]/5m')
title('Gaußstrahl durch dünne Linse')

end
```

```
% MATLAB
% Rückrechnung auf Strahl vor der Sammellinse
% Sammllinse von Thorlabs
% Veränderung des q-Parameters beim rückwärtigen Durchdringen des
% optischen Systems
% Bestimmen des Divergenzwinkels des ursprünglichen Laserstrahls


% Record of Revisions
% ===================
% Date            Programmer       Remarks
% ----------------------------------------
% 19. Oct. 2016   W. Lehermeier    Beginn der Erstellung

%*********************************************************************

close all
clear all

% -------------Beginn Anweisungsteil ---------------------

% Anmerkungen:
%
% das Ganze wird jetzt verkehrt herum betrachtet; die mit MathCAD
% berechnete Lage der Strahltaille ist jetzt der Nullpunkt in z; die
% positive Ausbreitungsrichtung ist jetzt anders herum, also von der
% Taille aus in Richtung Linse; die hier berechneten Ergebnisse bedeuten
% folgendes:
%  w0n = der Taillenradius des Lasers
%  zrneu = die Rayleighlänge des Lasers
%  entfernung_waist_nach_Linse * (-1) + Abstand der Linse zum Laser =
%  Entfernung der Taille vom Laser


[f,x_L,w0,lambda]=get_params2;
% liest die benötigten Parameter ein

w=build_waistvorlinse2(w0,lambda);
% berechnet das Strahlprofil des fokussierten Strahls anhand der aus
% MathCad gewonnenen Daten

M=build_matrix2(f,x_L);
% berechnet die Systemmatrix (Linse von Thorlabs!!)

[wneu]=build_strahlp2(w0,lambda,M,x_L);
% berechnet das Strahlprofil des unfokussierten Laserstrahls und daraus
% die wichtigen Parameter und den Divergenzwinkel
```

```
function [ f,x_L,w0,lambda ] = get_params2(  )

% get_params2 liest die Brennweite der Linse und die Messergebnisse aus
% dem MathCad-Sheet ein

f=input('Brennweite der Linse in [m]:');
% Brennweite der Sammellinse (Linse Thorlabs: f=1m)

x_L=input
('Positon der Linse in [m](also das mit MathCAD berechnete z0):');
% Position der Linse (Achtung: Der Nullpunkt für z ist bei der
% Strahltaille des fokussierten Strahls und die positive Ausbreitungs-
% richtung in z ist in Richtung Linse)

w0=input
('Strahlradius in [mm] (also das mit MathCAD berechnete d0 durch 2):');
% Taillenradius des fokussierten Strahls

w0=w0*1e-03;

lambda= 0.000001535;
% verwendete Wellenlänge

end
```

```
function [w ] = build_waistvorlinse2( w0,lambda )

% build_waistvorlinse2 berechnet das Strahlprofil des fokussierten
% Laserstrahls (Achtung: gedachte Ausbreitungsrichtung ist
% entgegengesetzt der realen Ausbreitungsrichtung)

w=@(z) w0.*(1+((lambda.*(z))./(pi.*w0.^2)).^2).^0.5;

end
```

```
function [ system_matrix ] = build_matrix2( f,x_L )
%Diese Funktion erstellt die Systemmatrix aus den Parametern f und x_L


matrix_lens = [1,0;-1/f,1];
matrix_prop = [1,x_L;0,1];
system_matrix = matrix_lens*matrix_prop;


end
```

```
function [ wneu ] = build_strahlp2( w0,lambda,M,x_L )

%build_strahlp2 berechnet den komplexen Strahlparameter q nach der Linse
% und daraus das Strahlprofil des ursprünglichen Laserstrahls

q=(1i.*(pi.*w0.^2)./lambda);
% komplexer Strahlparameter q an der Taille des fokussierten Laserstrahls

qq=(M(1,1).*q+M(1,2))./(M(2,1).*q+M(2,2));
% komlexer Strahlparameter q direkt nach der Linse

w0n=(imag(qq).*lambda./pi).^0.5;
% Taillenradius des unfokussierten Laserstrahls

w0n_in_mm=w0n*1000

zrneu=imag(qq)
% Rayleighlänge des unfokussierten Laserstrahls

entfernung_waist_nach_linse=-real(qq);

x=0.125;
% Entfernung der Linse vom Laser; kann je nach Aufbau unterschiedlich sein

Entfernung_der_Taille_vom_Laser=real(qq)+x

wneu=@(z) w0n.*(1+((lambda.*(z+real(qq)-x_L))./(pi.*w0n.^2)).^2).^0.5;
% Strahlprofil des unfokussierten Laserstrahls

thetavoll=2*(w0n/zrneu)*1000
% Divergenzvollwinkel des unfokussierten Laserstrahls in [mrad]

end
```

More Books!

yes

I want morebooks!

Buy your books fast and straightforward online - at one of world's fastest growing online book stores! Environmentally sound due to Print-on-Demand technologies.

Buy your books online at

www.morebooks.shop

Kaufen Sie Ihre Bücher schnell und unkompliziert online – auf einer der am schnellsten wachsenden Buchhandelsplattformen weltweit! Dank Print-On-Demand umwelt- und ressourcenschonend produzi ert.

Bücher schneller online kaufen

www.morebooks.shop

KS OmniScriptum Publishing
Brivibas gatve 197
LV-1039 Riga, Latvia
Telefax: +371 686 204 55

info@omniscriptum.com
www.omniscriptum.com

OMNIScriptum